JN202210

ロケット
サバイバル
2030

国産H3は世界市場で勝てるか

松浦晋也
MATSUURA SHINYA

日経BP

Rocket Survival 2030

はじめに

またずいぶんとかかったものだ――2024年11月4日、日本の基幹ロケット「H3」4号機の打ち上げをインターネット中継で見ながら、私はそんな感慨にふけっていた。

仕事として日本の宇宙開発を取材するようになったのは1988年の3月。それから36年が経った。当時、宇宙開発事業団（NASDA）は「H-I」ロケットを運用していた。純国産の「H-II」ロケットの開発は1985年から始まっている。H-IIの初号機打ち上げはこの時点で1992年を予定。1988年は新規開発のLE-7エンジンの難航が見え始めた時期で、角田宇宙センターでは液体水素ターボポンプが試験のたびにトラブルを出していた。

新人宇宙記者として先輩に「とにかくあいさつ回りだ。行ってこい」とあちこちの取材に行かされた中に、欧州Arianespace（アリアンスペース）東京事務所があった。当時はジャン・ルイ・クロードン氏が代表を務めていた。

クロードン氏は流暢な日本語で、右も左も分からぬ新人記者に同社のアリアンロケットについて説明をしてくれたが、一段落したところで話がH-IIロケットのことになった。

「H-IIは大変なロケットですね。とっても大型の開発で日本は全力を出さなくてはいけない」とクロードン氏は言った。

「ここまで日本は、アメリカのデルタロケットの技術を入れて、短期間でN-I、N-II、H-Iとロケットの開発を重ねてきたけれど、今後はそうはいかないでしょう。当分……まあ20年以上は、その次のH－Ⅲロケットはないでしょうね」

もちろんこの時クロードン氏が言った「H－Ⅲ」は仮称であり、単純に「H－Ⅱの次のロケット」という以上の意味はなかった。が、このとき私は初めて、宇宙関係者の口から「えいちすりー」という言葉を聞いた。

H－Ⅱは予定から2年遅れて、１９９４年に初号機の打ち上げに成功した。その次はH－Ⅲではなく、H－Ⅱと同規模のコストダウン型である「H－ⅡA」だった。

「コストダウン型といっても、ずいぶんあちこち変えているから実質は別ロケットですよ」と言ったのは、当時ＮＡＳＤＡの宇宙輸送系を率いていた副理事長の五代富文氏だった。H－ⅢではなくH－ⅡAなのは、多分にロケットの打ち上げ能力がH－Ⅱと同等だったからなのだろう、と私は勝手に理解した。

H－ⅡAもまた、１９９９年初打ち上げの予定が2年遅れて、２００１年から運用を開始した。その2年後の２００３年に、宇宙3機関統合があり、宇宙開発事業団と宇宙科学研究所、航空宇宙技術研究所がひとまとまりになって、現在の宇宙航空研究開発機構（ＪＡＸＡ）が発足した。

ＪＡＸＡ発足後、初のロケット打ち上げは２００３年11月29日のH－ⅡAロケット6号機だった。内閣衛星情報センターの情報収集衛星2機を搭載した6号機は、午後1時33分に雲が低く垂れ込める種子島宇宙センターから打ち上げられた。

すぐにロケットが雲中に隠れる、いわゆる「雲ズボ」の打ち上げであった。宇宙センターのプレスセンター屋上で取材をしていた私たち取材関係者はすぐに下に降りてきて、「あまり良い打ち上げではなかったね」などと会話をしていた。既にH－ⅡAは5号機まで連続で成功していたので、何の心配もしていなかった。

が、その時、構内アナウンスが「H-ⅡAロケット6号機は、打ち上げを継続できる可能性がなくなったので、指令破壊信号を送信しました」と告げた。

その後の事故調査で、固体ロケットブースターのノズル壁面が浸食されて穴が開き、吹き出した炎がブースターの分離信号を伝える配線を焼き切ったことが判明した。このため燃焼終了後のブースターの分離ができず、打ち上げは失敗したのだった。その後事故調査と対策を経て、7号機が打ち上げられたのは2005年2月26日。5号機の失敗から455日が経っていた。

その後H-ⅡAは成功を重ねていったが、H-Ⅲは未来のものであり続け、間でH-ⅡAの能力向上型としてH-ⅡBが開発された。

「H-ⅡAの次のロケット」はH-Ⅲではなく、「H3」となった。H3の開発は、開発期間7年、初号機打ち上げ2020年度予定で、2014年から始まった。H-Ⅱの開発が始まった1985年からは29年目。1988年のクロードン氏の言葉は正しかった。

H-Ⅱ、H-ⅡAと同様に、H3初号機打ち上げは2年延期された。

2023年3月7日の初号機打ち上げを、私は種子島宇宙センターで取材していた。一番の懸念は新規開発の第1段用エンジン「LE-9」がきちんと動作するかであり、同じく新規開発の固体ロケットブースター「SRB-3」の分離機構が正常動作するかであり、さらにはこれも新規開発の発射台など射点設備が異常なく動作するかであった。

午前1時37分55秒、地球観測衛星「だいち3号」を乗せたH3初号機は、晴天の種子島の空に向けて上昇を開始した。

ぐんぐん昇りゆく機体で、射点設備が正常動作したことが分かった。打ち上げ後116秒で、燃焼を終了したSRB-3を分離。双眼鏡で見ていると、遠ざかっていく機体から、2本のSRB-3が離れていくのがはっきり見えた。分離機構は正常に動作した。

打ち上げ後296秒でLE-9エンジン燃焼終了。はっきりほっとした。H3開発が2年延びたのは、LE-9の開発が難航したからだった。そのLE-9がうまく動作した。打ち上げで難関と思われていたところは、すべてクリアした。

しかし、私は「まだ安心できない」と感じていた。H-ⅡA6号機の時を思い出せ。安心しきっていたら失敗を告げられたではないか。最後の最後まで何があるか分からないのがロケットの打ち上げだ。ここでほっとして気を緩めてはいけない。

そのタイミングで打ち上げの経過をアナウンスする宇宙センターの構内放送が途切れた。続く沈黙に疑念が膨れ上がっていく。

どうした、なぜ構内放送は黙っている?

果たして沈黙を破ったのは、「打ち上げ成功の見込みがないため、指令破壊を行いました」という放送だった。

そこから、原因究明と事故対策を行って、2024年2月17日にH3の2号機が打ち上げに成功するまで、347日かかった。

宇宙分野を取材し、メディアに執筆して、36年が過ぎたが、結局のところ、私は見物人に過ぎない。36年間、いわば特等席でロケット開発という仕事を見物しただけであって、実際に頭を痛めて知恵を絞り、限界を極め妥協点を探り、実験し、計算し、推測して設計し、作り、試験をして、ロケットという巨大なシステムを組み上げた人々の横にいて、ヘイヘイと気楽に踊っていたにすぎない。

が、そんな気楽な踊りも36年続けると、それなりに見えてくるものがある。

ロケット開発のような、極限を目指す技術開発というものは、時として手ひどく失敗をして、それでもひるむことなく、むしろ失敗をしてこそ進むものなのだということである。

私の36年間は、H3の開発期間を通じてJAXAでH3を務めた岡田匡史氏（現JAXA理事）のロケット技術者人生とほぼオーバーラップしている。新人記者の私が、LE-7用液体水素ターボポンプの取材で角田宇宙センターを訪問した当時、岡田氏は新人技術者で実際に液水ターボポンプ開発に従事していた。もちろん当時はそんなことは知る由もない。同年配ならではである。

岡田理事、いや、岡田プロマネは開発期間中に何回もあった記者会見で、「ロケットエンジンの開発には魔物が棲む」と繰り返した。

「その通りだ」としみじみ実感する程度には、私はロケットの開発というものを見ることができたか、と思う。

いや、もう少し拡張してもいいだろう。

「ロケット開発には魔物が棲む」

魔物の名前は「物理現象」という。ロケット開発とは、魔物を飼い慣らし、友だちになり、魔物と協力できるようになるプロセスそのものだ。ロケットの打ち上げは、魔物と肩組み協力して行う仕事なのである。

だから本書に描くのは、「技術者がいかにして魔物と仲良くなったか」だ。以下、具体的に魔物がどのようなもので、どうやって仲良くなったかをご覧あれ。

2024年11月　松浦晋也

ロケットサバイバル２０３０　目次

Part 3

キーパーソンインタビュー 77

Part

4

進化する海外の競合ロケット

Part

5

打ち上げ成功まで苦闘の10年

2015年7月8日、H3ロケットの概要を説明するJAXA第一宇宙技術部門H3プロジェクトチームプロジェクトマネージャ(当時)の岡田匡史氏(写真:日経クロステック)

Part

6

ロケット開発に未来はあるか

253

2024年2月17日、打ち上げに成功したH3ロケット2号機(写真:JAXA)

Part 1

H3ロケットに競争力はあるのか

Rocket Survival 2030

打ち上げロケットにとっての市場価値とは

三菱重工業は２０２４年9月18日、フランスの衛星通信会社Eutelsat（ユーテルサット）と、同社が宇宙航空研究開発機構（ＪＡＸＡ）と開発・製造している日本の基幹ロケット「Ｈ３」による複数回の衛星打ち上げで合意に至ったと発表した。打ち上げは２０２７年以降となる。ユーテルサットが日本のロケットを利用するのは今回が初めてだ。

Ｈ３ロケットは、現行のＨ-ⅡＡロケットに代わる日本の次世代基幹ロケットだ。２０２４年2月17日に2号機の打ち上げに成功し、実運用へと踏み出した（図1）。初号機打ち上げ失敗から1年。念願の打ち上げ成功だった。同年7月1日には3号機の打ち上げに成功。先進レーダー衛星「だいち4号」を予定通り高度６２８㎞の太陽同期準回帰軌道に投入した。[*1] Ｈ３はこれによって、商業打ち上げへの大きな一歩を踏み出した。４号機は２０２４年11月4日、Ｘバンド防衛通信衛星「きらめき3号」の打ち上げに成功した。

ところで、打ち上げロケットにとっての市場価値とは何だろうか。

ロケットというと、一般には今でも最先端技術の塊という印象が強い。しかし、商業打ち上げは「ものを目的地に運ぶ」という点で、宅配便と同じ性格を持つ。商業打ち上げに使用されるロケットに要求されるのは、以下の通り宅配便の軽トラックに対する要求とほぼ同じだ。

＊1　だいち4号は、現在軌道上で運用されている「だいち2号」（２０１４年打ち上げ）の後継となる合成開口レーダー（ＳＡＲ）衛星で、質量は約3トン。地表を3mの分解能で観測する能力を持つ。だいち2号が、一度に50㎞幅で地表を観測するのに対して、だいち4号は２００㎞幅とより幅広い地域を一度に観測する能力を持つ。一度に取得するデータ量の増加に対応して、伝送容量の大きいKa帯の通信機器や、静止軌道上の光データ中継衛星との衛星間光通信装置を搭載している。

［1］事故を起こさず確実に荷物を届けられる（高い信頼性）
［2］必要とする時に荷物を届けられる（予定した日時に確実に打ち上げられる）
［3］運賃が安い（運行コストが安い）
［4］荷物を預ける手間が小さい（射場へのアクセスの容易さ、射場での打ち上げ前衛星整備施設の充実）

この４つが、打ち上げロケットの基本的な商品価値だ。

さらに今日的なテーマとして、「多数の人工衛星を同時に打ち上げる能力」が求められるようになってきた。「衛星コンステレーショ

図1　H3ロケット2号機

2024年2月17日、打ち上げに成功した。（写真：JAXA）

図2　スペースXが構築した衛星コンステレーション「スターリンク」のイメージ

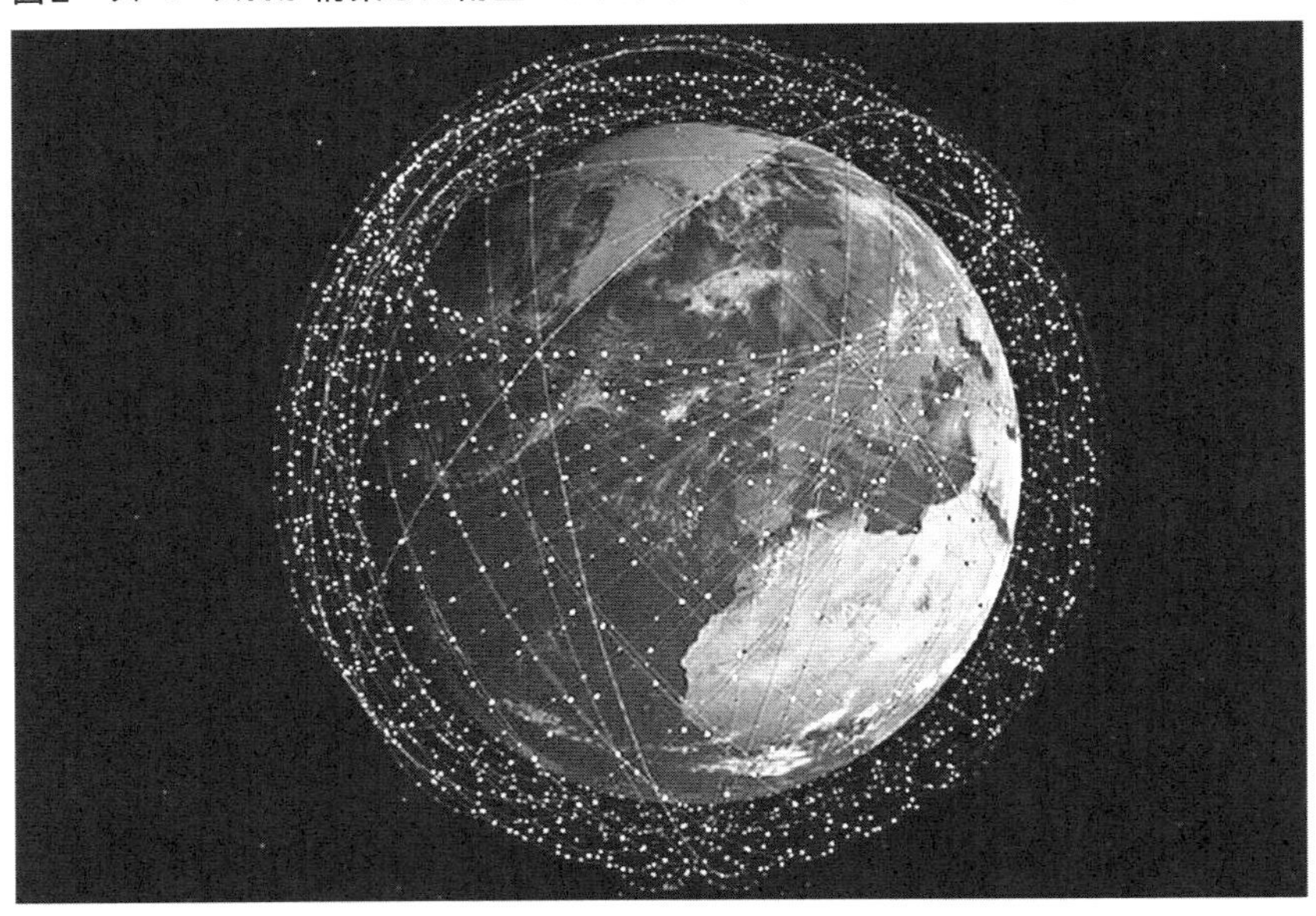

高度数百～千数百kmの地球低軌道に打ち上げられた多数の通信衛星によって提供する通信サービスだ。（出所：SpaceX）

ン」の需要が高まっているからだ(図2)。

衛星コンステレーションとは、多数の小型人工衛星を同時に打ち上げ、それぞれを連携させ、一体として運用する衛星群。米Space Exploration Technologies（スペースX）の通信衛星ネットワーク「スターリンク」が、ロシアに侵攻されたウクライナで活用され、広く知られるようになった。

この衛星コンステレーションの需要が高まっているため、気象衛星のような質量数トンの大型人工衛星を1基打ち上げるだけでなく、数百kg程度の小型衛星を同時に多数打ち上げる能力が求められるようになってきた。

もう１つ、多様な軌道に人工衛星を投入できる能力が挙げられる。通信衛星コンステレーションや有人宇宙ステーションなら地表に近い高度２００～１０００km程度の低軌道に、気象衛星や放送衛星なら高度３万６０００km程度の静止軌道に投入するといったように、人工衛星の目的によって投入する軌道が異なる。人工衛星の役割が多様化していく中で、打ち上げロケットも多様な軌道への投入に対応しなくてはならなくなっている。

このように様々な能力が求められる打ち上げロケットの国際的な商業打ち上げ市場で、日本の基幹ロケットＨ３は成功できるのか（図3）。Ｈ３の開発期間を通じてプロジェクトマネージャを務めてきたＪＡＸＡ理事の岡田匡史氏は「国際競争力はある」と言い切る。

図3　次期基幹ロケット「H3」

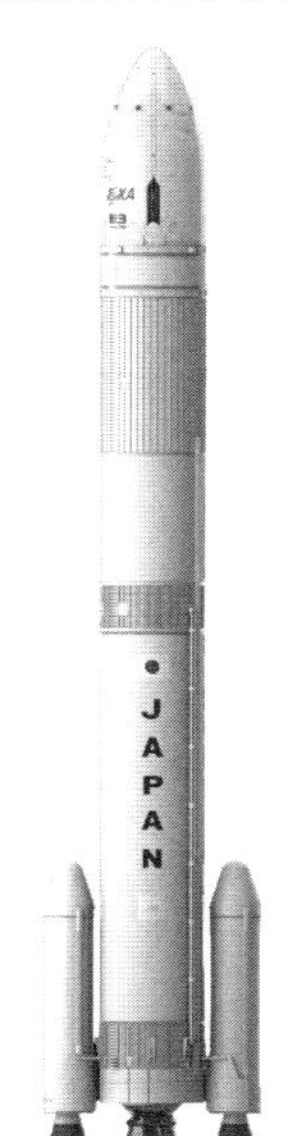

現行の主力ロケットH-IIA／Bよりも機体や、積載物を収容する衛星フェアリングを大型化。全長は約63m。コアロケットの直径は約5.2mだ（出所：JAXA）

筆者も、Ｈ３が国際的な商業打ち上げ市場への参入という、日本にとって40年越しの悲願に一番近づいたロケットなのは間違いないと考える。

その理由を説明する前に、改めてＨ３ロケ

ットの概要について整理しておこう。

準備期間も価格も半減、年間6回の打ち上げ目指す

Ｈ３ロケットはＪＡＸＡの現行基幹ロケット「Ｈ-ⅡＡ／Ｂ」の後継機だ(図4)。Ｈ-ⅡＡ／Ｂの運用で蓄積した技術を活用し、「低価格」「高信頼性」「柔軟性」をコンセプトに、より国際競争力を持つロケットとして開発されている。Ｈ-ⅡＡ／Ｂに比べて大型化を図りながら、受注から打ち上げまでの期間を約1年へ半減。打ち上げ価格もＨ-ⅡＡ／Ｂの半額に相当する約50億円(固体ロケットブースターを装着せず、主に低軌道の打ち上げに用いる想定)を目指す。*2

このようにＨ３ロケットには価格を下げて打ち上げまでの期間を短縮し、需要を高めて打ち上げ頻度を高める狙いがある。Ｈ３ロケットは当初、２０２０年度の打ち上げを予定していたが、主エンジンの燃焼試験でのトラブルを理由に延期した。

２０２３年3月7日に地球観測衛星「だいち3号」を搭載して打ち上げたＨ３初号機は、第2段エンジンが着火せずに打ち上げに失敗。原因究明を経て、２０２４年2月17日にダミーのペイロード(積載物)を搭載した2号機が打ち上げに成功。同年7月1日に地球観測衛星「だいち4号」を搭載した3号機が打ち上げに成功し、本格的な運用に入った。

ＪＡＸＡは今後、毎年6機程度を安定して打ち上げられる体制づくりを目指している。

ＪＡＸＡはＨ３ロケットよりも小型の基幹ロケット「イプシロン」も用意している(図5)。宇

*2　Ｈ-ⅡＡを大型化、高性能化したＨ-ⅡＢは２００９年に試験打ち上げに成功。２０２０年に9号機を打ち上げて運用を終了した。

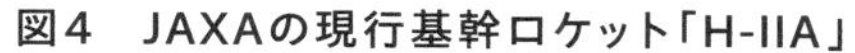

図4 JAXAの現行基幹ロケット「H-IIA」

第1段エンジンに2段燃焼サイクルの「LE-7A」を、第2段エンジンに「LE-5B」を、固体ロケットブースターには「SRB-A」を搭載。H-IIAは2001年に試験機1号機の打ち上げに成功。2024年度中に最終の50号機を打ち上げ、運用を終了する予定。
(写真:JAXA)

図5 JAXAの中型ロケット「イプシロン」

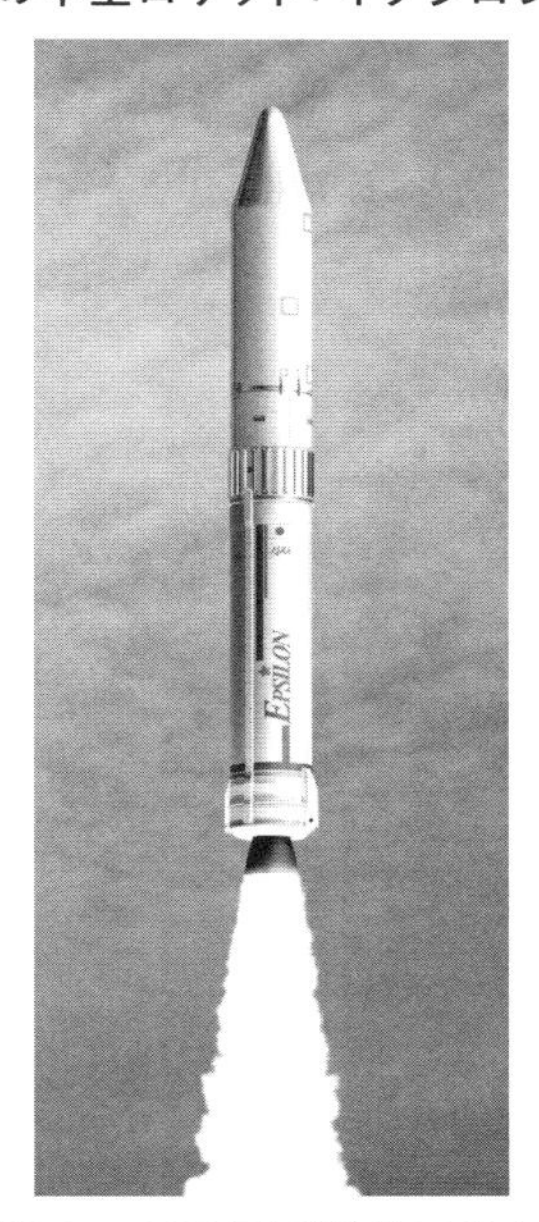

全長26m。直径は2.6m。2013年に試験機の打ち上げに成功。2022年までに6基を打ち上げているが、2022年10月に打ち上げた6号機が打ち上げに失敗した。7号機以降は、性能を向上させつつコストダウンを徹底した「イプシロンS」ロケットに移行する予定。(出所:JAXA)

宙輸送システムを利用する際の敷居を下げるのが狙いだ。H-ⅡA／BやH3ロケットの主エンジンが液体（燃料）エンジンなのに対して、イプシロンは固体（燃料）エンジンを使う。開発中の「イプシロンS」では第1段を、H3ロケットの固体ロケットブースターであるSRB-3と共通化。この他、アビオニクス（飛行制御などに使う電子部品）なども共通化してコスト削減を図る。

日本でも目立ち始めた宇宙ベンチャー

日本でロケットを開発しているのはJAXAだけではない。国内でも複数のベンチャー企業が宇宙輸送ビジネスへの参入に向けた活動を始めている。インターステラテクノロジズ（IST、北海道大樹町）と、スペースワン（東京・港）は、従来型使い捨てロケットでの市場参入を狙う。民間企業ならではの小回りの良さを生かし、安価で機動性の高い小型ロケットの打ち上げに取り組む。

ISTは弾道飛行ロケット「MOMO」3号機で2019年に日本の民間ロケットで初めて高度100km以上の宇宙への到達に成功した。同社は現在、2026年の打ち上げを目標に、衛星打ち上げ用小型ロケット「ZERO」を開発中だ（**図6**）。衛星ビジネスも手掛けており、ロケットと人工衛星のワンストップサービスを目指す。

スペースワンは、和歌山県串本町に建設した打ち上げ施設「スペースポート紀伊」から、小型衛星打ち上げ用ロケット「カイロス」を、2020年代半ばには年間20機打ち上げるという目標を

図6　インターステラテクノロジズが開発中のロケット「ZERO」のイメージ

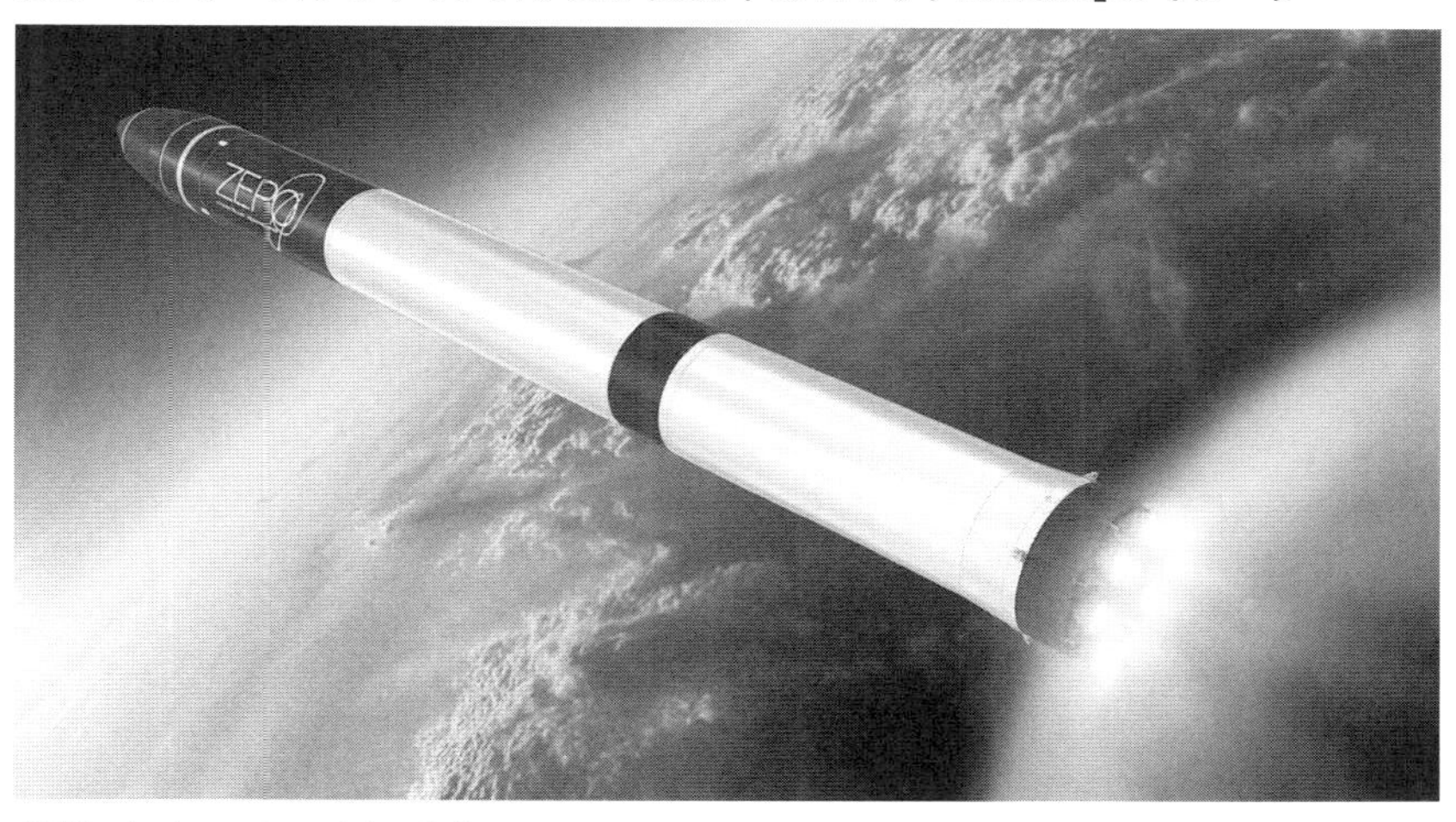

（出所：インターステラテクノロジズ）

掲げて活動中だ（図7）。同社はキヤノン電子とＩＨＩエアロスペース、清水建設、日本政策投資銀行の4社が共同出資したベンチャー企業。中核となるＩＨＩエアロスペースは日産自動車の宇宙航空事業部だった時期から固体ロケットを開発・製造してきた実績を持ち、国内を代表する宇宙関連企業の1つと言える。キヤノン電子も自社製の人工衛星の打ち上げに成功しており、ロケットや人工衛星に関する知見を蓄積している。

カイロスは全長18ｍ、直径1・35ｍの全段固体の3段式ロケット。地球低軌道に250kgのペイロードを打ち上げる能力を持つ。2023年3月9日、スペースポート紀伊から内閣官房・内閣衛星情報センターの偵察衛星技術試験機「短期打上型小型衛星」を搭載したカイロス初

図7　「カイロス」ロケットのイメージ

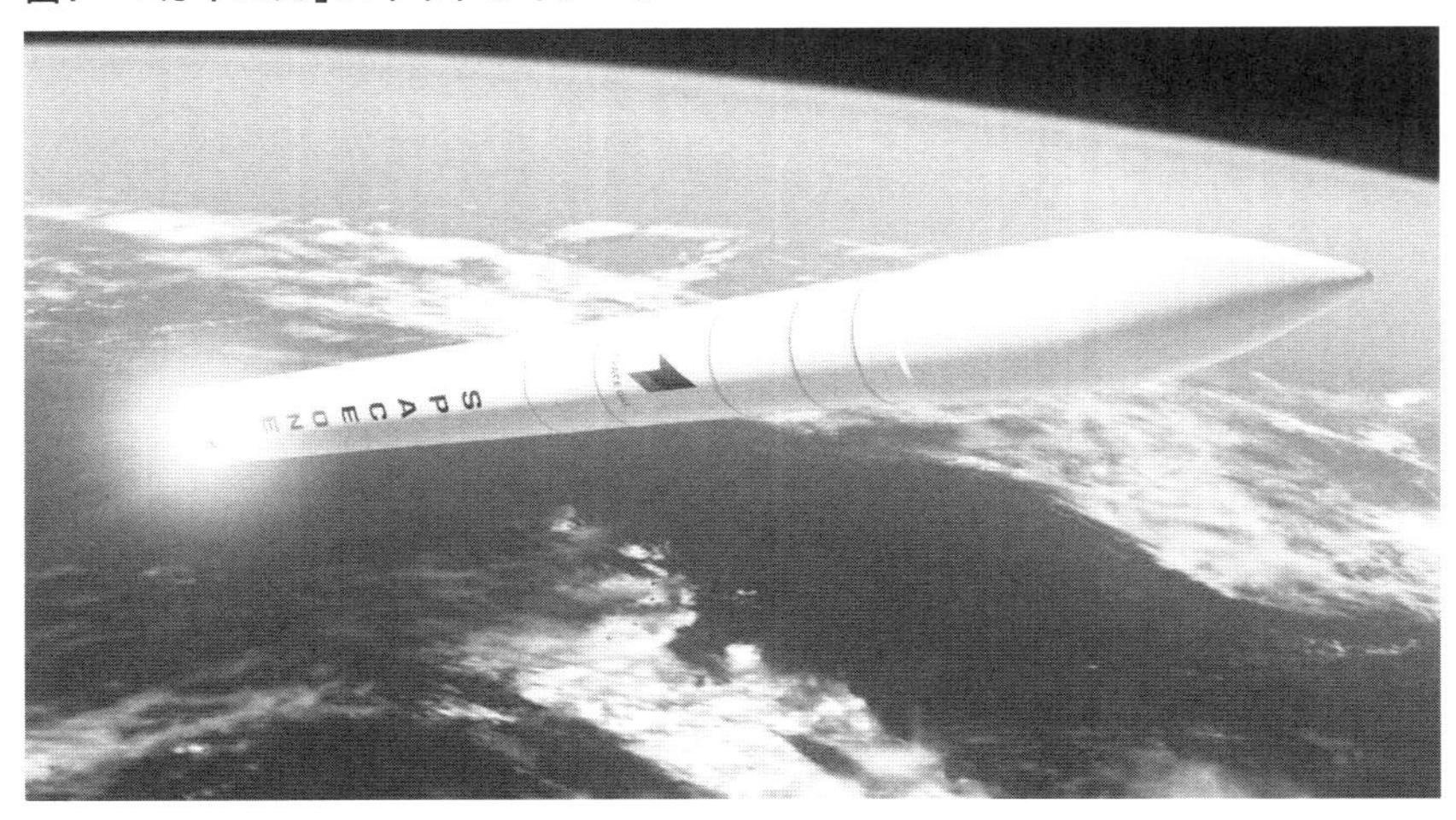

（出所：スペースワン）

号機を打ち上げたが、ロケットは発射直後に爆発し、打ち上げは失敗した。同社は、ロケット搭載ソフトウエアの設定ミスが事故原因だったと公表。2024年12月14日に、2号機を打ち上げるとアナウンスしている。

従来型のロケットではなく、有翼の飛翔体による宇宙輸送システムの開発を目指しているのが、スペースウォーカー(東京・港)だ。2026年に有翼打ち上げ機の試験打ち上げを行うとしている。

同社は炭素系複合材料(CFRP)製の推進剤タンクの技術開発も進めており、特に極低温でも使用可能、かつ推進剤漏洩を防ぐ内張りが不要な(ライナーレス)CFRPタンクは、他ベンチャーへのタンク供給、あるいは技術供与などでも要注目だ。地上での液化メタン、液体酸素、液体水素などの貯蔵手段としても使えるので、応用範囲は広い。

将来宇宙輸送システム（東京・中央）は、最短期間で単段式再利用型の宇宙輸送システムの開発を目標としている。基幹技術となるエンジンは、米Ursa Major Technologiesと協力することによって開発期間を短縮。他方で、計画管理ソフトなど開発を高速化する技術に注力し、短期間・高速での打ち上げ機実現を目指す。

２０２３年に起業したロケットリンクテクノロジー（神奈川県相模原市）は、ＪＡＸＡが研究していた低融点熱可塑性推進薬（ＬＴＰ）の実用化を目指す。現在、固体推進剤には熱を加えると固まる熱硬化性樹脂が使われている。熱硬化性樹脂は非可逆反応で固まるので、ロケットモーターへの注型は一発勝負。かつ大規模な注型設備が必要だった。

ＬＴＰは、熱を加えると何度でも溶融するので、注型のやり直しが容易だ。必要な施設も小さくて済む。打ち上げ直前に固体推進剤をロケットモーターに注型するというようなニーズに即応した生産体制を組むこともできる。

千葉工業大学からスピンアウトしたベンチャー企業であるAstroX（福島県南相馬市）は、小型ロケットを気球で高度20㎞まで運んでから発射する、ロックーン方式の小型衛星打ち上げロケットの開発を目指している。

打ち上げロケットを必要とする、衛星通信や地球観測など宇宙関連ビジネスへの期待は世界中で高まっている。日本でも人工衛星を活用した地球観測を手掛けるベンチャー企業の活動が目立ち始めている。アクセルスペース（東京・中央）やSynspective（東京・江東）、ＱＰＳ研究所（福岡

図8　Synspectiveが打ち上げるStriX衛星のCGイメージ

（出所：Synspective）

図9　QPS研究所が2019年12月に打ち上げたSAR衛星「イザナギ」

同社は2020年5月、九州電力と人工衛星の観測データを活用した共同事業の検討に入った。
（写真：QPS研究所）

市)などは既に自社で開発した人工衛星を、海外のロケットなどに載せて打ち上げている(図8、9)。

この中でもアクセルスペースは光学人工衛星で撮像した地表の映像によって状況を把握できるサービスで既に実績がある。Synspectiveも合成開口レーダー(SAR)衛星データを使ったサービスを開始した。将来的には、地球観測のデータを解析して水路・陸路の混雑状況から経済状況を予想するサービスなどの提供も考えられる。

芽吹き始めた人工衛星ビジネスをさらに発展させるためにも、人工衛星を打ち上げる安全確実、かつ安価なロケットという輸送手段が必要だ。

JAXAがH3ロケットで高頻度かつ信頼性の高い宇宙輸送システムの確立を目指すのには、こうした背景がある。

「使い捨て型」H3のライバルは海外の「回収・再利用型」

「ロケット不足」に呼応した新型ロケットの開発は海外でも進められている。海外では宇宙輸送ビジネスを既に開始している民間企業も目立つ。

中でも、H3ロケットにとって最強の敵として立ちはだかるのが、スペースXが開発するロケットだ。同社のロケットの特徴は「回収・再利用型」であること。打ち上げた機体が全てを宇宙空間などに投棄する「使い捨て型」であるH3ロケットなどとは異なり、スペースXは第1段ロケ

図10　スペースXの「ファルコン9」ロケット

大西洋沖の無人船上に逆噴射で軟着陸したファルコン9の第1段。（写真：SpaceX）

ットをエンジンの逆噴射を活用して軟着陸させて回収する。最もコストが高い第1段を回収・再利用して、打ち上げコストの削減を狙う。スペースXは既にこの方式で自社開発の「ファルコン9」の運用を開始している（図10）。

さらに大型化したロケット「スーパーヘビー」及び宇宙船「スペースシップ」の打ち上げにも成功しており、直近の2024年10月13日には、〝はし〟でつかむような装置でスーパーヘビーをキャッチして帰還させたのが話題になった。

この他にも、米BlueOrigin（ブルーオリジン）も、第1段を回

図11 ブルーオリジンの有人宇宙船「ニューシェパード」

（写真：Blue Origin）

収・再利用するロケット「ニューグレン」を開発中だ。既に有人宇宙船「ニューシェパード」の試験打ち上げに成功している(図11)。

第1段の再利用は、ロケット生産能力を超える高頻度の打ち上げを可能にする(新たにロケットを製造しなくても、回収した第1段を再利用して打ち上げられる)点で、大きな利点を持つ。大規模な衛星コンステレーションの構築には、多数の人工衛星を何度も打ち上げる必要があるので、回収・再利用型がうってつけなのだ。

しかしH3は機体を回収しない「究極の使い捨て打ち上げ機」を目指して開発された。それ故、技術的に第1段の再利用につながる要素が乏しい。

使い捨て型より回収・再利用型の方の打ち上げコストが低いか否かはまだ必ずしも明らかではない。しかし、打ち上げ頻度では回収・再利用型に軍配が上がる。衛星コンステレーションブームに乗って次々打ち上げられるファルコン9など、回収・再利用型に比べて、どれだけ競争力を確保できるのか。今後の設計変更やモデルチェンジを考える時、無視できない視点だ。

衛星コンステレーション対応も可能

このような市場環境の中でH3は、先述した打ち上げロケットが求められる4つの要件のうち3つをほぼクリアしている。［1］高い信頼性と［2］予定した日時に確実に打ち上げられるという条件は、前モデルであるH-IIAの過去23年間にわたる運用で実績を積んできた。[*3]

＊3 H-IIAロケットの打ち上げの成功率は97・95%(49機中48機が打ち上げに成功)、機体や設備に起因する延期なしの打ち上げ率(On time率)は79・6%(49機中39機)と非常に安定した実績を残している。

［3］低コストという点では、さらに前モデルであるH-ⅡからH-ⅡA、そしてH3と三世代にわたって低コスト設計を徹底してきたことが奏功。H3は、固体ロケットブースターを装着しないH3-30型の目標機体価格が50億円に収まる。このほか現在（2024年10月時点）における円安に振れた為替相場が追い風になっている。

［4］射場へのアクセスの容易さ、射場における打ち上げ前の衛星を整備する施設の充実という点では課題を抱えている。H3の射場である鹿児島県の種子島宇宙センターは、海外の射場と異なり、大型輸送機に離着陸できる空港が近くになく、大型衛星を空港から直接射場に搬入できない。衛星の通関施設もなく、施設老朽化も著しい。[*4] しかし、これはロケット自体の仕様や性能とは別の課題だ。

多数の衛星を打ち上げる衛星コンステレーション対応はどうか。JAXA理事の岡田氏は、「フェアリング[*5]に人工衛星を搭載する方法などによって対応できる」との見解を示している。

ファルコン9のような第1段の回収・再利用が世界中で一般化すれば、H3は2030年代半ばには、第1段回収・再利用の次世代機と交代すると予想できる。ただし、このあたりのロードマップは2024年10月時点で、JAXA内で検討されており事態は流動的だ。再利用へと進む時期は、もっと早まる可能性もある。

使い捨て型のH3を20年使うか、それとも早期に第1段を回収・再利用する次期ロケットの開発に進むのか。日本は両にらみの宇宙政策のかじ取りが必要な状況になりつつある。

＊4　種子島宇宙センターへの大型衛星の搬入は本土の空港（中部国際空港 セントレアなど）で船に積み替えて、種子島の島間港経由で種子島宇宙センターに搬入しなくてはならない。種子島宇宙センター内の衛星整備施設も、2023年に新しい第3衛星フェアリング組立棟が竣工したものの、H-Ⅱ開発と合わせて整備し、30年を経て老朽化が進んでいた第2衛星組立棟の代替という色彩が強い。また、世界的に需要が伸びてきている、多数の小型衛星を同時に打ち上げる場合の、多数衛星同時整備に対応できるかという点でも課題が残る。

＊5　フェアリング：人工衛星などペイロード（積載物）を搭載するロケットの先端部。

［コラム1］ 下がり続けている国産ロケットの価格

H-ⅡとH-ⅡAの開発経緯を振り返っておこう。

1969年以降、米McDonnell Douglas（マクダネルダグラス）[*1]の「デルタ」ロケットの技術を導入して、衛星打ち上げ用大型液体ロケットの開発を進めてきた宇宙開発事業団（NASDA）[*2]は、1980年代半ばから純国産のH-Ⅱロケットの開発を開始した。デルタの技術を使ったH-Ⅱ以前のロケットは、海外市場への販売が事実上できなかった。だからH-Ⅱは純国産にこだわった。

1990年にはロケット販売のための「ロケットシステム」という専門商社まで設立した。しかし、そこへ1990年代の円高が襲った。しかも同時期にソ連崩壊後、ソ連の宇宙技術を引き継いだロシアが国際市場でダンピングに近い低価格で衛星打ち上げサービスの販売を始めた。1機170億円というH-Ⅱの価格では、とても太刀打ちできなかった。

そこでH-Ⅱを徹底的に低コスト化したH-ⅡAの開発が、1996年から始まった。「どんなに円高が進んでも価格競争力のある機体にしたい」と、目標価格を1機85億円に設定した。

出足は好調で、1996年にロケットシステムは米Space Systems/Loral[*3]から10機、米Hughes Space and Communications[*4]から20機の商業衛星打ち上げの仮契約を獲得した。しかし、H-Ⅱの5号機が第2段のエンジントラブルで、8号機で第1段エンジン「LE-7」のトラブルでそれぞれ打ち上げに失敗。H-ⅡAの開発も遅延したために契約解除となった。ロケットシステムは2006年に解散した。

*1 現在は米Boeing（ボーイング）。

*2 宇宙開発事業団：2003年の宇宙機関統合で、現在はJAXA。

*3 現在は米Maxer Technologies傘下の米SSL。

*4 現在は米Boeing（ボーイング）。

官需が支えた日本のロケット

結局H-IIAの救世主は「官需」だった。2008年に宇宙基本法が施行された。同法に基づき、内閣府を中心とした国の体制の中で、偵察衛星である「情報収集衛星（IGS）」と、測位衛星システムの「順天頂衛星システム（QZSS）」が拡充された。これによって官需の打ち上げ需要が増え、H-IIAを下支えした。

特に1998年に北朝鮮の「テポドン」ミサイルが日本上空を通過した事件をきっかけに始まった、IGSの打ち上げ需要は大きかった。光学衛星2機、レーダー衛星2機の4機体制の整備から始まったものが、技術試験衛星や後継衛星、データ中継衛星、軌道上に配置する予備衛星などで衛星システムは拡大。最初は衛星同時2機打ち上げだったが、IGS2機を搭載したH-IIA6号機が2003年11月に打ち上げに失敗してからは、衛星を1機ずつ打ち上げるようになり、ますますH-IIAの需要は増えた。

H-IIAは50号機で運用終了の予定だが、このうち18機がIGS関連の打ち上げだ。QZSSの打ち上げ5回と合わせると合計23回と、H-IIAの打ち上げの半分弱を2つの官需が占める。官需であるために無理なコストダウンの必要がなく、H-IIAの実際の打ち上げコストはほぼ100億円で推移した。

「機体価格50億円以下」は2026年度末に達成か

これに対してH3は、固体ロケットブースターSRB-3を装着しない最小構成のH3-30で機体価格50億円以下という目標を掲げている。この目標はどうやら2026年度末には達成できそうだ。

現状では第1段主エンジンLE-9が2基でSRB-3が2基の「H3-22」、及びLE-9が2基でSRB-3が4基の「H3-24」の価格目標は公表されていない。

ごくごく大ざっぱにLE-9と固体ロケットブースターSRB-3の調達コスト、さらに輸送、組み立て、打ち上げの各オペレーションコストを全て10億円と仮定すると、機体調達から打ち上げまでのコストは、LE-9を3基装備するH3-30が60億円、H3-22が70億円、H3-24が90億円となる。LE-9とSRB-3の価格は10億円より低く、オペレーションコストは10億円より高いと推定されるが、合算すれば、このコスト推定は妥当ではないかと判断する。現在の為替水準である1米ドル=150円で換算すると、それぞれ約4000万米ドル、約4700万米ドル、約6000万米ドルとなる。

能力的にはH3-24と同等クラスのスペースXの「ファルコン9」ロケットは打ち上げ価格として6700万米ドルを提示している。ただしファルコン9を打ち上げに使用した衛星事業者によると、実際にはこれに様々なオプションのサービスに対する対価が上乗せされるとのこと。単純な比較だが、どうやら現状ではH3は国際的な価格競争力を持つと判断してよさそうだ。

今後H3のさらなる増産が可能になれば、機体価格はさらに低下する。過去にはH-Ⅱで「年間2機生産で170億円。4機で140億円、8機で120億円」と試算した例がある。H3-30の50億円という価格は、日本政府の官需に対応した年間5機生産を想定していると考えられる。つまり、国際市場から年間3~5機の発注があり、年8~10機を打ち上げると、機体価格はさらに15%程度の低下を期待できる。

Part 2

H3ロケットの技術を探る

Rocket Survival 2030

シンプルで低コストの新開発メインエンジン「LE－9」

H3ロケットの基本的な設計思想は「使い捨てロケットを極める」というものだ。これは打ち上げたロケットを回収せずに、ペイロード（積載物）の単位重量当たりの打ち上げコストを最小にするという考え方である。

コスト削減の大きな目玉は、第1段メインエンジンである「LE－9」である（図1）。LE－9の技術面における最大の特徴は、構成をシンプルにして低コスト化を実現できる「エキスパンダー・ブリード・サイクル」の採用だった。ただし、同サイクルは基本的にH3のような大型ロケットの第1段用エンジン向きではない。それにもかかわらずH3第1段用のLE－9で同サイクルを採用するには、技術上の課題が山積していた。

求められた「1世代でコスト半減」

過去を振り返ると、純国産を目指した「H－Ⅱ」ロケット以降、日本の大型液体ロケットは新世代で常に「コスト半減」を目標としてきた。

図1　LE-9エンジン燃焼試験の様子

種子島宇宙センターのテストスタンドでの燃焼試験。写真は2020年2月13日に実施された認定型エンジン第1回燃焼試験で撮影したもの。燃焼室壁面から得る熱エネルギーを高効率でターボポンプの仕事に変換することが、LE-9実現のカギだった。（写真：JAXA）

１９９４年に初号機を打ち上げた「Ｈ-Ⅱ」ロケットは１機の打ち上げコストが約１７０億円だった（年２機打ち上げの場合）。その後継機の「Ｈ-ⅡＡ」では、１機の打ち上げコストの目標をＨ-Ⅱの半額に当たる85億円に設定し、開発完了時にこの目標をほぼ達成した。

しかし実際には、２００１年から運用が始まったＨ-ⅡＡの打ち上げコストは１００億円前後で推移した。２００３年11月、６号機の打ち上げ時に事故が発生。当初の目標ほど、海外からＨ-ⅡＡの打ち上げを受注できなかった。この他、コスト低減よりも確実な打ち上げを求める官需衛星が主体となったことなどが重なって、Ｈ-ⅡＡの打ち上げコスト低減は目標通りには進まなかった。

Ｈ３は、Ｈ-Ⅱ／Ｈ-ⅡＡとほぼ同等の打ち上げ能力を有する構成で約50億円という目標を掲げている。[*1] 一声、１００億円の半分である。これは技術的に「今の日本の技術が実現し得る最大限の〝お値打ち価格〟」ということになる。

「１世代でコスト半分」の流れは、「日本のロケットが国際市場で競争力を持つための現実的な路線」でもあった。というのも、過去30年以上、日本のロケットは世界のロケット市場で厳しいコスト競争にさらされ続けてきたからだ。

１９８０年代半ば以降、欧州Arianespace（アリアンスペース）が販売している「アリアン４」「アリアン５」ロケットは、信頼性と価格のバランスを武器に商業打ち上げロケット市場の過半を占め続けていた。１９９１年のソ連（ソビエト社会主義共和国連邦）崩壊後、ロシアはロケットをダンピング価格で国際市場に放出し、低価格化を推し進めた。その一方で、ロケットの最大の「消費

＊１　50億円は、固体ロケットブースターを持たず、種子島宇宙センターから高度５００kmの太陽同期極軌道に４トンのペイロードを打ち上げられる「Ｈ３-30」という構成の場合の目標金額。なお、太陽同期極軌道とは人工衛星の軌道の１つで、北極と南極の上空を通過する「極軌道」のうち、人工衛星の軌道面（軌道が描く平面）と太陽方向の角度が一定に保たれる軌道。太陽同期極軌道を回る衛星から地球を見ると、太陽光線が常に一定の角度で地表に当たる。

国」であるアメリカでは官需が大きく、商業打ち上げ市場の規模は限定的であり続けた。

日本がこうした市場に参入するには、コスト面での不利を克服する必要があり、「使い捨てを維持して1世代でコスト半分」を目標にせざるを得なかったのである。

低コストのために採用したメインエンジン「LE-9」

H3ロケットで開発された新技術の代表が、第1段のメインエンジンLE-9だ。

LE-9は、推力100トンf（約980kN）クラスの大型液体ロケットエンジンとしては世界で初めて「エキスパンダー・ブリード・サイクル」と呼ぶ燃焼サイクルを採用した（図2）[1)]。同サイクルは、液体水素を燃焼室やノズルの冷却に使うと同時に、ガス化させて温度を上げ、そのガスで推進剤を主燃焼室に押し込むターボポンプを駆動するもの。ターボポンプを駆動するための高温ガスを生成するための副燃焼室がないので構造がシンプルで、製造の低コスト化を進められる。

ただし、エキスパンダー・ブリード・サイクルは推力30tf（約294kN）以下の推力のエンジン向きで、100トンf以上の推力を必要とする第1段エンジンには向いていないとされてきた。それをJAXAと三菱重工業は全体システムを見直すことで通説を覆した。

1）参考資料「宇宙開発利用部会（第58回）議事録・配付資料」（文部科学省）

図2　LE-9エンジンの概要

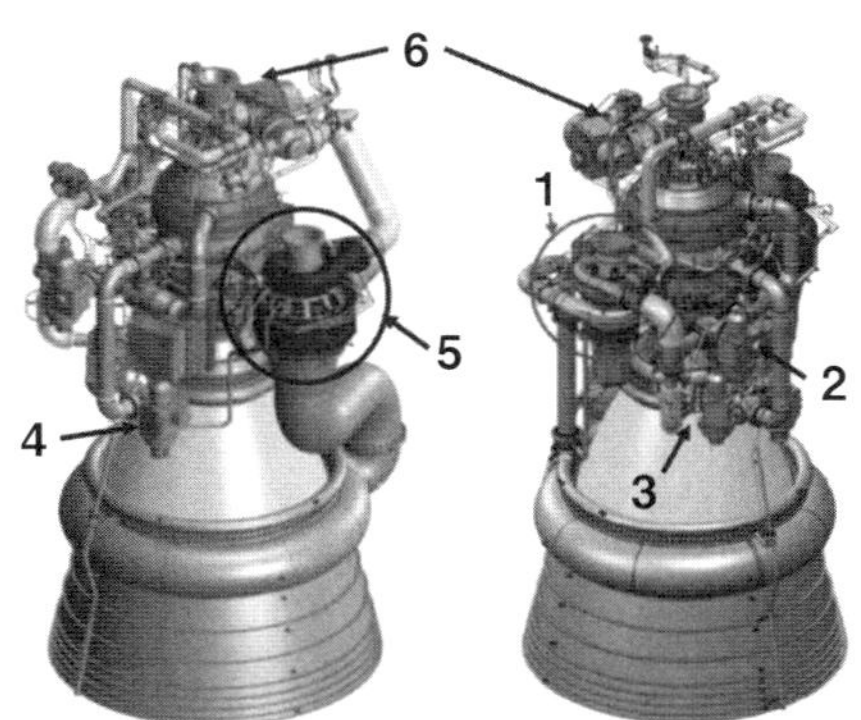

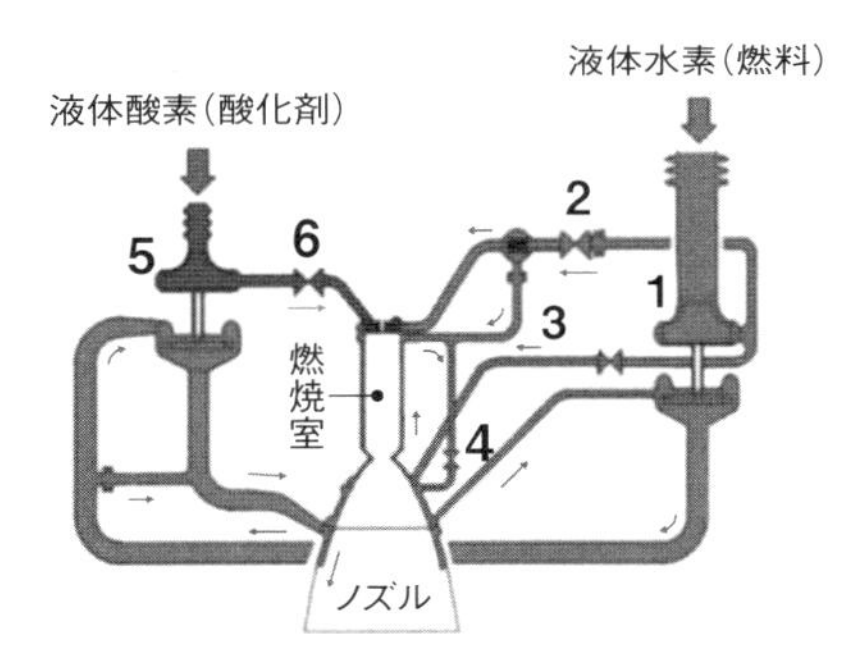

定格推力は1471kN（150トンf）。液体水素を燃料に、液体酸素を酸化剤に使用する。これらは独立して動作するターボポンプで燃焼室に押し込まれ、燃焼したガスをノズルから噴射して推力を得る。ターボポンプは、燃焼室壁面に液体水素を通して得られる高温の気体水素ガスで駆動し、使用後のガスはノズル内に排出する。このようなエンジン形式をエキスパンダー・ブリード・サイクルという。（出所：JAXA）

図3　ロケットエンジンの各種サイクル

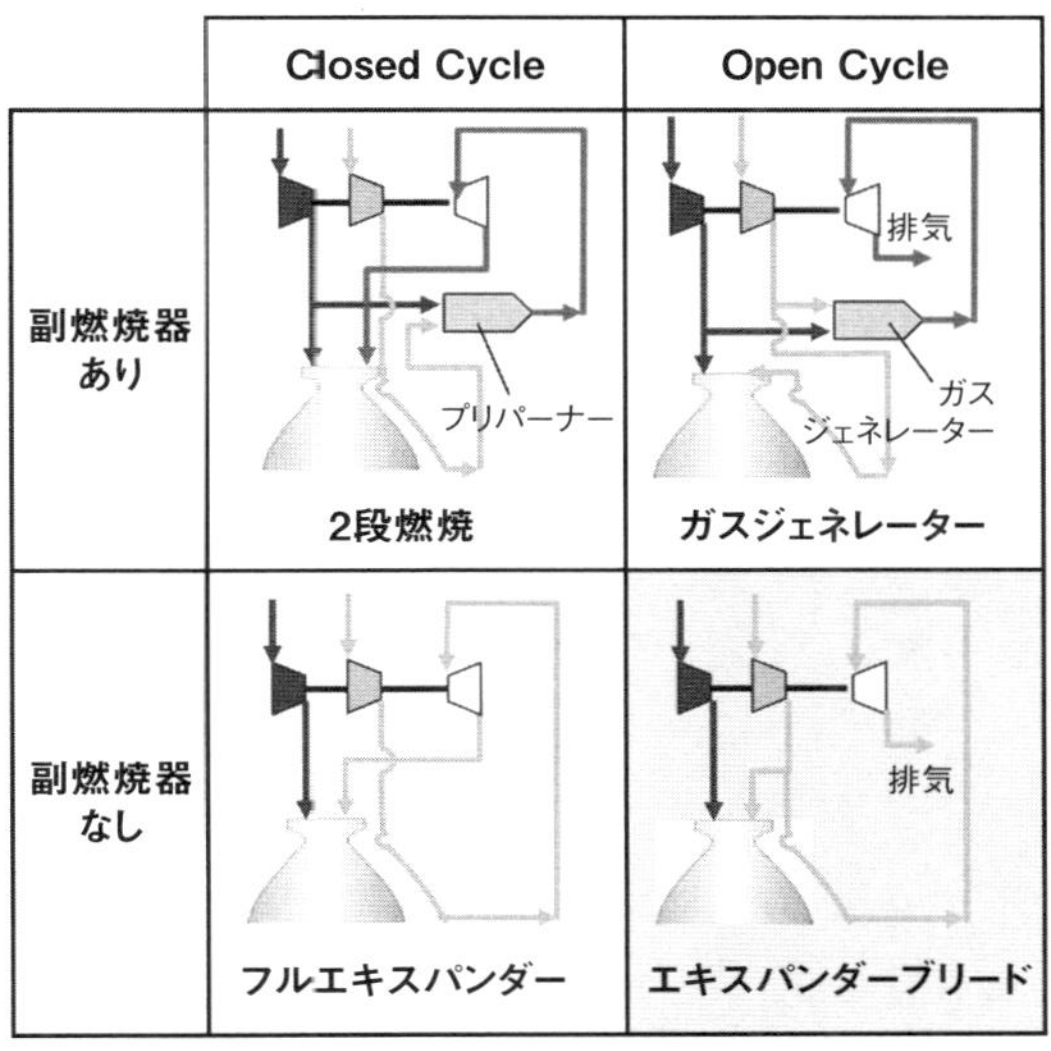

（出所：JAXA）

簡素で安全性の高いエキスパンダー・ブリード・サイクル

液体ロケットエンジンは、液体の燃料と酸化剤を燃焼室に押し込み、燃焼させて発生した高温ガスをノズルから噴出させて推力を得る。ここで問題になるのは高圧になる燃焼室に燃料と酸化剤を押し込むポンプの動力をどうやって得るかだ。エンジンサイクルはポンプの動力を得る方法でロケットエンジンを分類したものだ（図3）。

ターボポンプを駆動する高温ガスを生成するため、噴射に使う燃焼室（主燃焼室）とは別の小さな燃焼室で少量の燃料と酸化剤を燃やす方法がある。この方式を採る燃焼サイクルには、「ガスジェネレーターサイクル」と「2段燃焼サイクル」がある。ど

図4　エキスパンダー・ブリード・サイクルを採用したLE-9の配管（左）と、2段燃焼サイクルを採用したLE-7Aの配管（右）

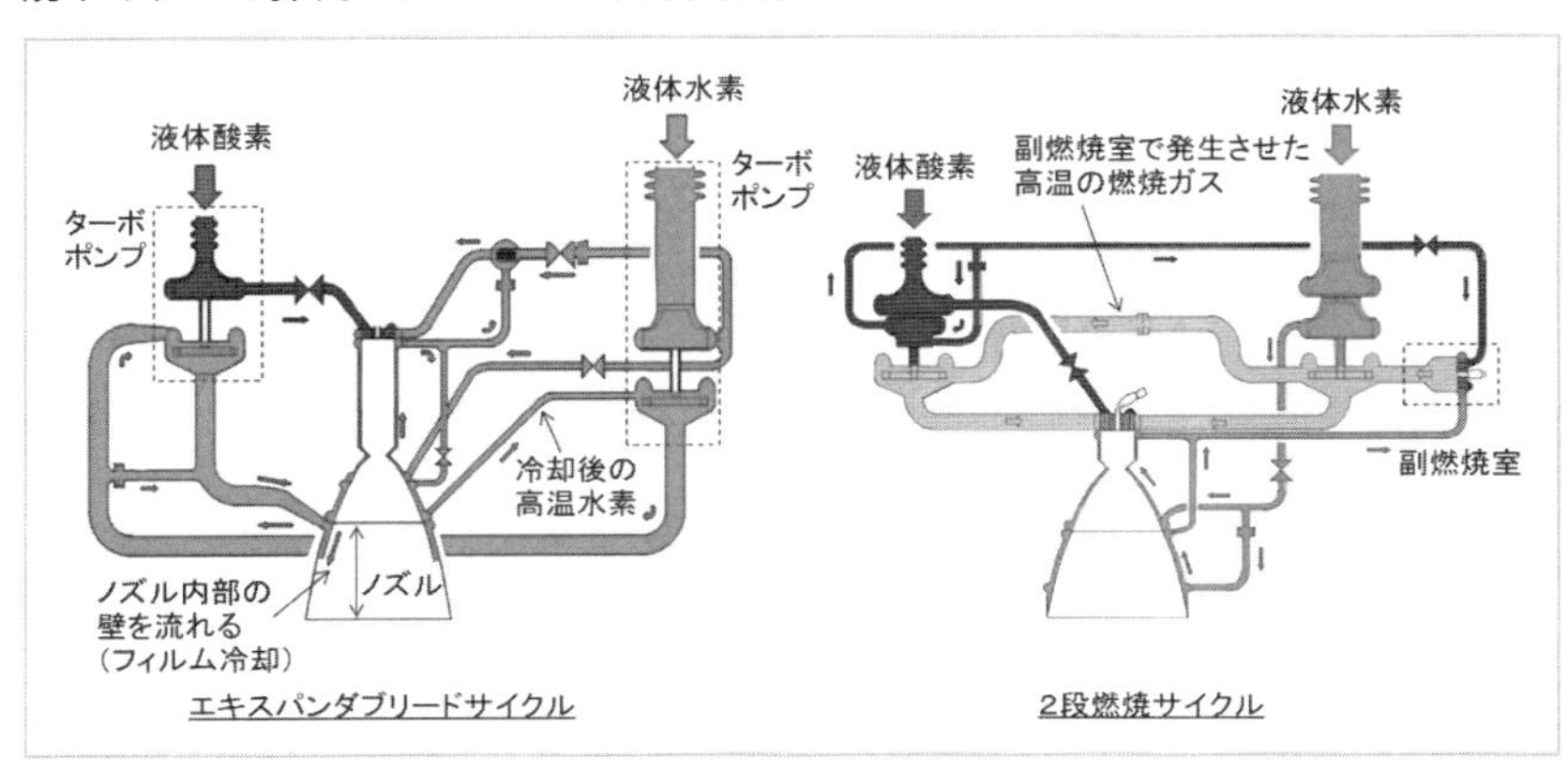

〔出所：三菱重工技報 Vol.53 No.4（2016）「H3ロケット1段用LE-9エンジンの燃焼安定性向上」（渡邊他）〕

ちらも「小さな別の燃焼室で燃やしたガスでターボポンプを駆動する」点は共通である。

これらに対して、燃焼時に高温になる燃焼室やノズルの外壁内部に推進剤を循環させて冷却するとともに、気化した高温ガスでターボポンプを駆動する方式を「エキスパンダーサイクル」という。その中で、ターボポンプ駆動後のガスをノズルなどから捨てる方式がエキスパンダー・ブリード・サイクルだ（図4）。

最も基本的で「全ての液体ロケットエンジンの基礎」といわれるのが、「ガス・ジェネレーター・サイクル」（以下、GGサイクル）である。

GGサイクルでは、主燃焼室とは別にガスジェネレーター（ガス発生器、以下、GG）という小さな副燃焼室を備える。少量の燃料と酸化剤をＧＧに導いて燃焼ガスを発生させ、このガスでターボポンプのタービンを回して圧力を発生させ、燃料と酸化剤を主燃焼室に圧送する。タービンを回した後のガスはそのまま排出する。

欧州宇宙機関（ＥＳＡ＝European Space Agency）が開発した「アリアン5」[*2]第1段「ヴァルカン2（Vulcain2）」エンジンや、米航空宇宙局（ＮＡＳＡ＝National Aeronautics and Space Administration）らが運用する「デルタ4」[*3]第1段エンジン「ＲＳ-68Ａ」エンジン、アメリカの宇宙ベンチャー、SpaceX（スペースX）の「ファルコン9」[*4]の「マーリン１Ｄ」（Merlin 1D）エンジンなどこのＧＧサイクルを採用している。

ロケットエンジンは燃焼室圧力が高くなるほど高性能になる。具体的には比推力という性能指標が良くなる。しかしＧＧサイクルは燃焼室圧力が10ＭＰａ（約１００気圧）を超えるあたりからＧＧで燃焼させる燃料と酸化剤を増やす必要が出てくる。ターボポンプを回した後のガスは捨ててしまうので、この分の燃料と酸化剤は推力発生に寄与しない。つまり効率が悪くなる。

そこでより一層の高圧燃焼を可能にするために考案されたのが「２段燃焼サイクル」だ。このサイクルでは、ＧＧをプリバーナー（予燃焼器）と呼ぶ。プリバーナーでは燃料の全量と一部の酸化剤、あるいは酸化剤の全量と燃料の一部を使って高温の不完全燃焼ガスを作り、ターボポンプを駆動する。駆動後のガスは捨てずに、そのまま主燃焼室に押し込んで残りの酸化剤ないしは燃料と混合して噴射する。

プリバーナーで燃料の多い不完全燃焼ガスを発生させるのが「燃料リッチ２段燃焼サイクル」、

＊2 アリアン5：ESAと旧仏EADS Astrium Space Transportation（EADSアストリウム・スペース・トランスポーテーション、現在はエアバスグループの一部門）が製造。仏Arianespace（アリアンスペース）が販売しているロケット。

＊3 デルタ4：米Boeing（ボーイング）が設計し、米United Launch Alliance（ユナイテッド・ローンチ・アライアンス）が製造しているロケット。

＊4 ファルコン9：スペースX自らが設計・製造・運用を手掛ける。

酸化剤の多い不完全燃焼サイクルを発生させるのが「酸化剤リッチ2段燃焼サイクル」だ。

2段燃焼サイクルは燃焼室圧力をより高圧化できる上に、全ての推進剤が推力発生に寄与するので効率が高く性能を向上させやすい。JAXAが現在運用するH-IIAロケット第1段エンジン「LE-7A」、アメリカの「アトラスV」[*5]ロケット第1段のロシア製「RD-180」エンジン、米国のスペースシャトル[*6]が採用した「RS-25」エンジン(SSME)などがこの形式を採用している。

高性能よりも簡素・軽量化を優先するエンジンサイクルもある。ターボポンプを駆動する高温ガスを発生させるのに、GGやプリバーナーを使わず、主燃焼室やノズル壁面からの熱を利用する形式だ。

主燃焼室壁面の内側に燃料が流れる溝を作り込んでそこに燃料を流す。燃焼の熱で燃料は気化するので、そのガスでターボポンプを回す。これがエキスパンダーサイクルだ。

ターボポンプを回した後の燃料ガスを主燃焼室に押し込んで推力発生に使う形式を「フルエキスパンダーサイクル」、GGサイクルのようにターボポンプ駆動後の使用済みガスをノズルなどから捨ててしまうのを「エキスパンダー・ブリード・サイクル」という。[*7]

それぞれのエンジンサイクルには利害得失がある。2段燃焼サイクルは高性能を狙えるがターボポンプの吐出圧力を高くしなければならない。燃料なり酸化剤をプリバーナーから主燃焼室へと2つの高圧燃焼室を通過させる必要があるからだ。また配管が破断した場合、破断した部位によっては燃料と酸化剤の混合比がより一層の熱を発生する方向に変動して一気に爆発する

*5　アトラスV：ユナイテッド・ローンチ・アライアンスが製造しているロケット。

*6　スペースシャトル：NASAが運用していた再使用型宇宙往還機。

*7　アメリカが使用している上段用エンジン「RL-10」はフルエキスパンダーサイクルを、日本のH-IIA用第2段エンジンはエキスパンダー・ブリード・サイクルを採用している。

危険性がある。

エキスパンダーサイクルはターボポンプ駆動用の高温ガスを発生させるためだけの燃焼室が不要になるので部品点数が減り、コストダウンできる。どこが破損しても爆発には至らず安全性も高い。その一方で大型のエンジンには採用しにくい。

壁面から得られる熱エネルギー量は壁面の面積に比例

エキスパンダー・ブリード・サイクルが「大型エンジンには向いていない」とされていたのは、「二乗三乗則」という物理的な壁があったからだ。

そもそもエキスパンダー・ブリード・サイクルを含めるエキスパンダーサイクルは、ターボポンプを駆動する高温ガスを発生させる熱エネルギーを燃焼室壁面からの吸熱で得る。エンジンを大型化するためにはターボポンプの出力も高める必要があるので、より大量の熱エネルギーを燃焼室壁面から得なくてはならない。

ところが、壁面から得られる熱エネルギー量は壁面の面積に比例する。物体の表面積は寸法の二乗、体積は寸法の三乗に比例する。これが「二乗三乗則」だ。エンジン推力を大きくするには燃焼室を大型化する必要があるが、表面積は体積ほど増えない。

つまり大推力エンジンでエキスパンダーサイクルを採用しようにも吸熱に使う燃焼室壁面の面積が足りない。大型化するとターボポンプを駆動するのに十分な熱エネルギーを得るのが難しくなり、エンジンとして成立しなくなる。このため、従来は推力300kN（約30トンf）程度が、同サイクル適用の限界とされてきた。

事故がきっかけで、利点が評価されることに

そんな、エキスパンダー・ブリード・サイクルをLE-9に適用するきっかけとなったのは、1999年11月15日に発生したH-IIロケット8号機の打ち上げ失敗事故だった。この事故ではH-II第1段エンジン「LE-7」（LE-7Aの前身となるエンジン）の液体水素ターボポンプのインデューサー*8が破損し、LE-7が推力を失ったために起きた。

実はこの事故の際、H-IIロケット8号機は第2段の分離にも第2段エンジン「LE-5B」の起動にも成功していた。第1段でのトラブルにより、分離時の第2段は大きく姿勢を崩し、複雑に回転していたが、それでもエキスパンダー・ブリード・サイクルを採用したLE-5Bは正常に起動し、推力を発生した。〔出所：三菱重工技報 Vol.48 No.4（2011）「LE-Xエンジン開発へ向けた取り組み」（渥美他）〕

テレメトリーデータ*9で第2段の正常動作を知った三菱重工業はエキスパンダー・ブリード・サイクルの示した意外なまでの堅牢（けんろう）性に驚き、その理由の解析を始めた。その結果、同サイクルの本質的に非常に堅牢かつ安定した、安全性の高さが改めて明らかになった。

動作が非常に安定しており、GGやプリバーナーを持たない分、低コストで製造できる可能性

*8 インデューサー：軸流ポンプ。羽根車の回転によって軸方向に流体を送り出すポンプ。ロケットエンジンではターボポンプの吸い込み口手前に設置され、ターボポンプの流体吸い込みを助ける働きをする。

*9 テレメトリーデータ：電波で送られてくる衛星やロケットの本体と内部機器の稼働情報。

を持つ。爆発などの破滅的事態を起こすこともない——。ここからエキスパンダー・ブリード・サイクルで大型の第1段用エンジンを造れないかという研究が始まり、LE-9の開発へとつながっていった。

3つの工夫で、大型エンジンへの適用に成功

二乗三乗則という物理的な壁を乗り越えて、エキスパンダー・ブリード・サイクルを採用したLE-9では、大別して3つの工夫を凝らした。[1]従来よりも長く表面積の大きな燃焼室を採用すると同時に、長大な燃焼室を安定して造るための製造方法を開発[2]燃焼室壁面における吸熱の効率を向上[3]ターボポンプにおけるタービンとポンプ双方の効率を向上——である。

ロケットエンジンの燃焼室は、熱伝導性の良い銅製の内筒と強度を受け持つ外筒で構成され、内筒側に推進剤の流路を彫り込んで形成する。長大な内筒は一体で成形する必要がある。LE-9では均質な内筒を製造する方法を開発した。また、燃焼室内の燃焼状態を高精度で推定するシミュレーションを開発して、燃焼時の燃焼室内壁面温度が可能な限り均一かつ安定する条件を見いだした。

燃焼室内壁面温度が不均一だと、壁面温度が高い部位が破損しないように全体の温度を下げなければならず、吸熱効率が下がる。逆に、壁面温度が均一になると、壁面全体の温度をぎりぎりまで上げることができるので、吸熱効率が向上する。

ターボポンプの設計に当たってはエンジンシステム設計からの要求に応じてターボポンプを設計し、ターボポンプ側からの要求でシステムを調整するという従来の開発手法を一新。最初にエンジンシステムとターボポンプとの関係を整理し「エンジンシステムからこの要求が来るとターボポンプにはこのような性能が必要となる」というデータをインターフェースとして整理し、その上で設計を詰めていく手法を採った。また、高効率を必要とするタービンやポンプのインペラーなどの要素部品は先行して試作し、部品単体での試験を実施して設計にも必要となるデータを取得することで、開発時のトラブルを起きにくくした。

ネットワーク接続したアビオニクス（電子機器）

H-ⅡA／Bから大きく進歩したものの中に、アビオニクス（電子機器）が挙げられる。H-ⅡA／Bのアビオニクスは個々の機器を必要に応じて直接ケーブルで結線していたが、H3ではネットワーク接続を採用した（図5）。[2)]

例えば、誘導制御の要となる誘導制御計算機（GCC）は、各種センサーの情報からロケットエンジンの噴射方向や姿勢制御スラスターの噴射量を計算する。そうして得られた数値が、噴射方向を変えるアクチュエーターや噴射量を変えるバルブ制御機構へと伝えられる。H-ⅡA／Bで

2）参考資料「宇宙開発利用に係る調査・安全有識者会合（第1回）配付資料」（文部科学省）

図5 H3アビオニクスの概要

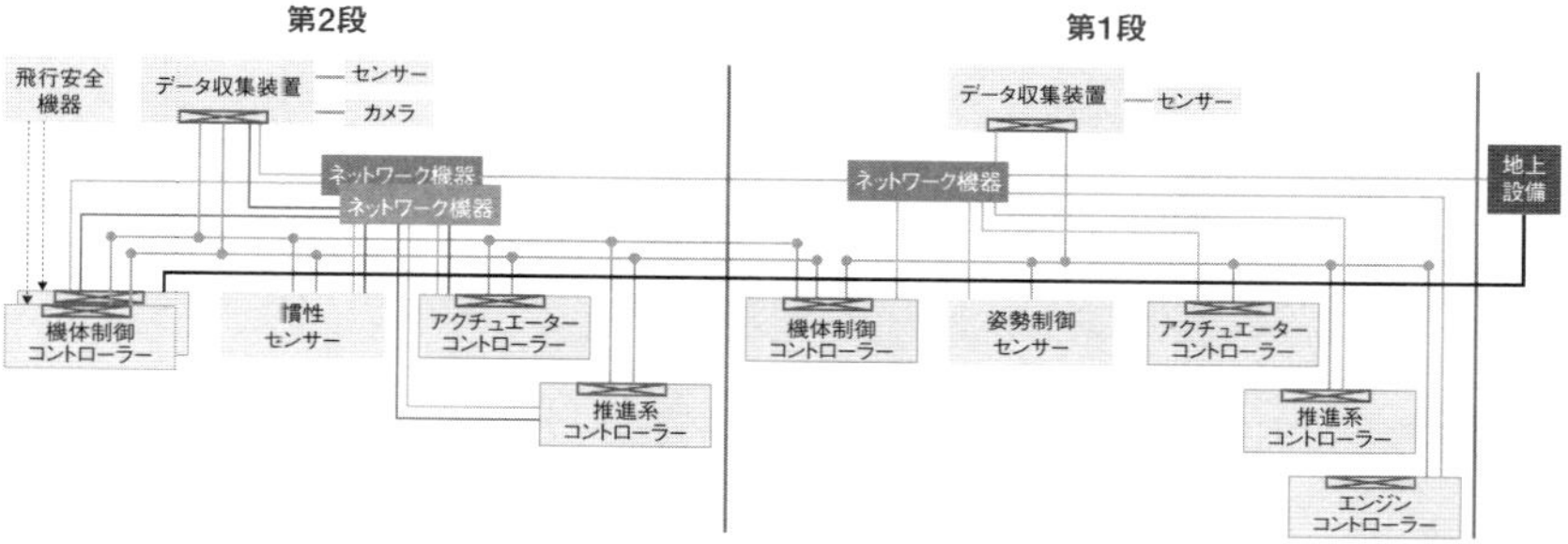

基本的に、第1段と第2段それぞれに搭載したアビオニクス機器が1本の基幹ネットワークに接続され、相互にデータを交換する。2段のネットワークは2本のネットワークによる冗長構成になっている。射点設備との接続が、第2段からのネットワーク回線1本である。(出所:JAXA)

は、センサーとGCCを直接結線してセンサーからの入力を伝えている。計算結果の伝達も直接ケーブルをつないで行っている。

これに対してH3では、アビオニクスを構成する各機器をネットワーク接続で行う。各種センサー、通信機器、制御機器などは、それぞれネットワークへのインターフェースを持ち、H3の〝電子的な背骨〟となるネットワークにぶら下がる。センサーからGCCへの情報伝達も、GCCからアクチュエーターへの制御指令も、ネットワーク経由でやりとりする。

この形式の利点は、まず重いワイヤハーネスがネットワークケーブル1本に統合されることによる機体の軽量化だ。機体組み立て工程も簡素化されるので組み立てコストも低減する。それ以上に大きな効果が出るのは、射場における点検と打ち上げの作業だ。

射場で垂直に立てられたロケットは、アンビリカル(へその緒)と呼ばれるコードや配管で射点設備と接続される。アンビリカルは、［1］電力や搭載衛星を保護する乾燥空気を機体に供給する［2］打ち上げ前に推進剤を充填する［3］搭載電子機器のチェックを機体外部から行う、という役割を持つ。

アビオニクスのネットワーク化が大きな意味を持つのは［3］だ。従来は個々の機器から直接、アンビリカル経由で外部に配線を引き出す必要があった。それだけ接続のコネクターも増えるし、アンビリカルをつなぐ作業も増える。H3ではネットワークケーブル1本を接続するだけで、アビオニクス全体のチェックが可能になった。それだけ射場作業が簡素化され、打ち上げコストも低下する。この特徴を生かし、H-ⅡA／Bではロケットに設けたアクセスドアから作業者が内部に入って行っていた点検作業も、アンビリカル経由で行うように改善している。

2段のネットワークは完全冗長化

ネットワーク化と同時に、H3では2段アビオニクスを2重化する冗長設計を採用した。1段アビオニクスは動作時間が6分程度と短いので従来通りとした。対して2段は複数回の噴射を行うために最長5時間近く飛行する。飛行時間が長いので、その間のトラブルの可能性に対処するために冗長系が有効と判断した。

高い信頼性を要求される宇宙機（大気圏外で使われる人工物）はほとんどの場合、アビオニクスの信頼性はその機能の冗長化で確保する。主となる機能に対して予備系を装備し、主系が故障しても予備系で問題なく動作し続けられるようにする、というのが基本的な考え方だ。

しかし宇宙機を打ち上げるロケットでは長い間、極めて高い信頼性が要求される有人打ち上げ用を除き冗長系を採用してこなかった。動作する時間が数分程度と短く、また一気に加速していくためにトラブルの発生がごく短時間のうちに爆発や機体の破損などの破滅的事態につながる可能性が大きいからだ。冗長系による信頼性向上は、トラブル発生時にトラブルが発生した機能を予備系に切り替えるという動作が必要になる。そのための時間的余裕が、ロケットの場合は確保しにくい。

実際、H-ⅡA/Bまでのアビオニクスは、冗長系を持たない1系統のみだった。その代わり、各部品の信頼性を高めることで信頼性を確保するという方針で設計されていた。

H3の2段でアビオニクスの2重化が可能になった背景には、自動車部品の積極採用など電子部品の低コスト化がある。最重要部品である機体姿勢を計測するリングレーザージャイロも2基搭載している。リングレーザージャイロは大変高価な部品で、従来なら2基搭載は考えられなかった。担当メーカーの技術開発努力で、低コストのリングレーザージャイロが実現し、2基搭載が可能になった。

宇宙機の冗長設計には様々なレベルがある。米航空宇宙局(NASA)では、有人宇宙機のアビオニクスに「2フェイルオペラティブ」という冗長設計を要求している。全ての機能に3重の冗長性を持たせ、2つの故障が重なって発生(2フェイル)しても、滞りなく機能してミッションを継続(オペラティブ)できるという意味だ。この基準を満たした設計を「マンレイテッド」(有人対応)という。

これは有人打ち上げ用ロケットも同じであり、有人宇宙船「クルードラゴン」を打ち上げる「ファルコン9」ロケットや、有人宇宙船「スターライナー」を打ち上げる「アトラスV」ロケットは、それぞれ「マンレイテッド」の基準を満たすように改修を受けている。ファルコン9は、OSとしてLinuxを使用する3基のコンピューターによる多数決システムを搭載した。3つのシステムが並列動作して常に結果を比較し、一致した結果のみがロケットを制御する仕組みだ。

H3の第2段アビオニクスの冗長化は、将来の有人化に向けた布石と見ることもできるだろう。

自動車用電子部品を積極的に大量採用

H3のアビオニクスは、そのほとんどの部品を自動車用電子部品から採用している。これは宇宙機としてはかなり画期的だ。部品点数で約90%が自動車用部品となっている。

ロケットや衛星などの宇宙機は、高加速度、高温高圧、高真空などの厳しい条件下で確実な動作が求められるために、信頼性の確保を第一に設計される。システム全体の信頼性は個々の部品の信頼性で決まるので、個々の部品レベルでは非常に高い信頼性が必須となる。

部品レベルでの高信頼性を確保するために、宇宙用の部品は開発段階で厳しい環境試験を実施して壊れない設計を徹底する。完成した部品は、宇宙での使用に耐える宇宙用部品としての認定を受け、以後の宇宙機では認定を受けた部品を使用することで信頼性を確保する。

認定された部品を製造する際には履歴を厳密に記録し、トレーサビリティーを徹底的に確保する。宇宙機の事故は、残骸などの物的証拠が残りにくい。このため、事故が発生した場合に、書類の調査だけで原因を絞り込めるようにするためだ。

この信頼性第一の開発と製造の手法には、部品への技術革新を遅らせ、価格高騰の原因ともなるという問題点がある。開発時に徹底した試験を課して認定を取得する時間とコストは大きいため、どうしても同一の部品が長期間にわたって使われ続けることになり、新技術の導入が遅れる。また、トレーサビリティーの確保にも多大な人的コストがかかる。

その結果、宇宙機用部品の価格は同等性能の他の民生部品と比べて、非常に高くなる。2桁以上、場合によってはそれ以上の価格になることもある。

部品に高い信頼性を求めるが故に、非常に高コストになる。この宇宙機に特有の問題は、宇宙の商業化が始まった1980年代から関係者の間で意識され、解決策の模索が始まった。

1990年代に入ると、カーエレクトロニクスの急速な進歩とともに、自動車に大量の電子部品が使用されるようになった。自動車は、振動や温度・湿度、長い耐用年数などの面で、電子部品にとって過酷な環境だ。自動車向けに耐久性の高い電子部品が開発され、しかも大量生産されるようになった。

自動車向けに大量生産される電子部品は、価格が宇宙用に比べると非常に安い。宇宙機で使えれば、アビオニクスの大幅コストダウンが可能になる。

ここで問題になるのが、耐放射線特性だ。自動車は強い放射線を浴びる環境では使用しない。強い放射線環境下で壊れず長期間動作する性能は要求されない。しかし、宇宙機では宇宙放射線を浴びても故障せずに正常に動作しなくてはいけない。

この問題は、部品メーカーがカタログに掲載し、既に大量生産している自動車用電子部品に対して放射線を照射する試験を実施して、宇宙でも使える放射線に強い部品を選ぶことで解決する。日本は20世紀末から自動車用部品を宇宙用に転用する研究を始め、基礎的なデータの蓄積に努めてきた。

その結果、H3で自動車用部品を大量に採用するに至っている。ただし、使用される自動車用部品の多くはコンデンサーや抵抗などの基礎的な部品が多い。CPUなどの高機能部品は集積度が高く、どうしても放射線の影響を受けやすいので、現状では宇宙用を使っている。

電動バルブ導入でH3の準備を効率化

LE-9は、液体酸素、液体水素配管などの主なバルブを電動モーターで駆動する設計になっている（図6）。このため、エンジン運転中もバルブの開度の調節が可能だ。この設計の目的は打ち上げの途中で出力を絞れるようにするためだが、それだけではない様々な恩恵をLE-9にもたらしている。

アクセルで出力を調整する自動車のエンジンとは異なり、ロケットエンジンは出力100%で使い、出力の調節をしないという設計がほとんどだ。ぎりぎりまでの軽量化を要求されるロケットエンジンは、見かけ以上に〝やわ〟で、各部が共振しやすい。出力調節ができるように設計すると、振動の周波数が変化するので、共振を避ける設計が複雑になる。

しかし、ロケットエンジンであっても、出力の調節ができたほうが望ましい。例えば打ち上げ時のエンジン燃焼末期だ。どんどん搭載推進剤を消費していくので、機体が軽くなって、出力が一定だと加速度が大きくなっていく。搭載ペイロードにかかる荷重を軽減するには、エンジン出力を絞って加速度を小さくできるほうが良い。

このような事情があり、またコンピューター・シミュレーションの発達で振動解析が容易になってきたことから、最近は出力調節ができるロケットエンジンが増えている。

LE-9もこの流れに乗った設計となっている。エンジン出力は、推進剤の単位時間当たりの流量で決まるので、推力調節のためには配管にバルブを入れて流量を調節する。

図6　電動バルブの構造

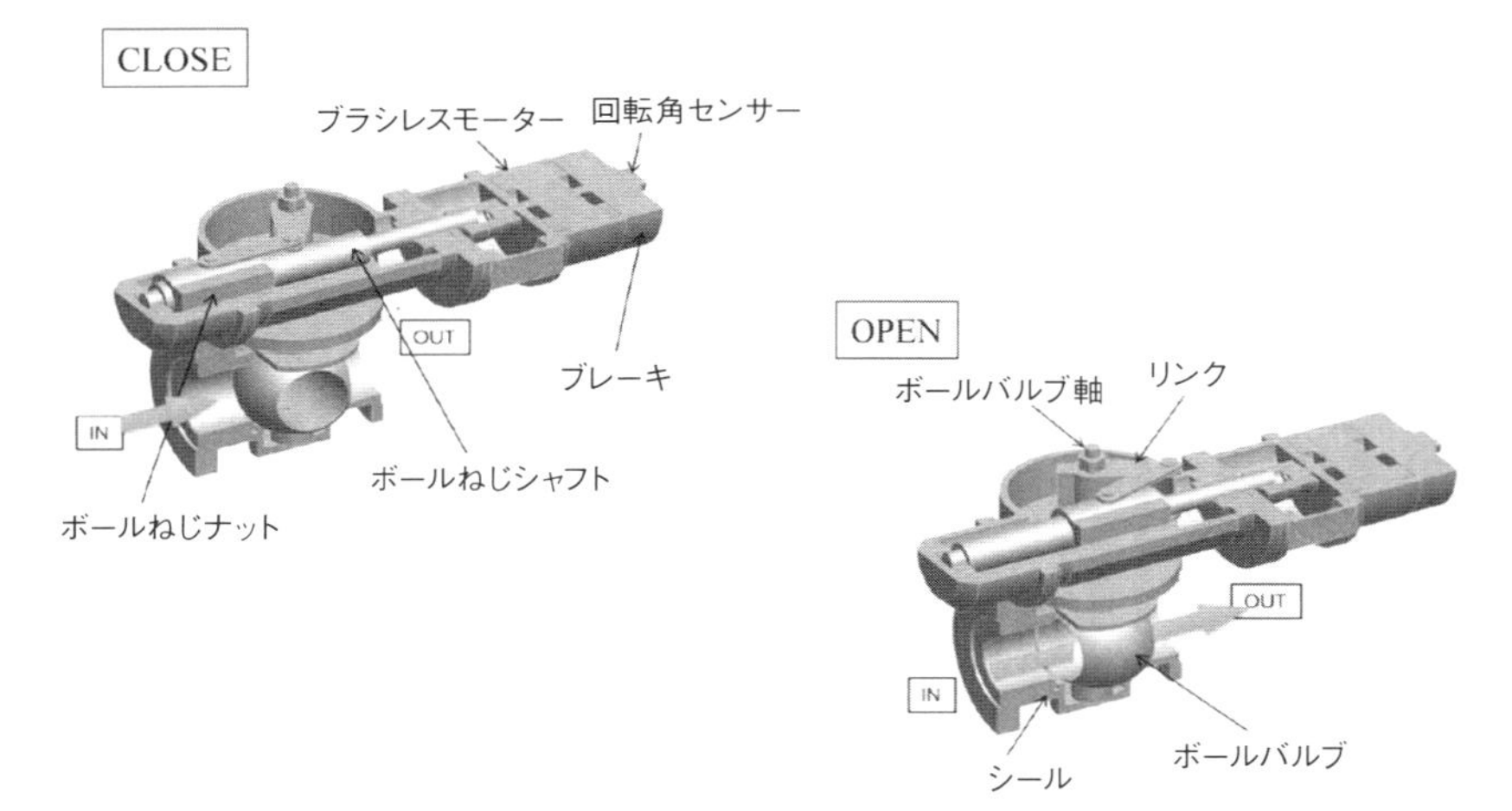

燃料と酸化剤の流量を変化させてエンジン出力を調整できるため、打ち上げ末期に出力を絞って搭載ペイロードへの負荷を軽減することが可能になった。さまざまな条件の試験を効率的に行え、自動点検によって製造期間や整備期間の短縮にも寄与する。（出所：三菱重工、JAXA）

燃焼試験や打ち上げ準備も効率化

同時に、出力調整を可能にする電動バルブの導入は、打ち上げ準備の手間を省くことにも貢献する。完成したエンジンは、製造の公差内でのばらつきがある。このため、機体に取り付ける前に燃焼試験を行って推力のばらつきを計測し、補正を行う。

H-ⅡA／Bロケットの第1段エンジン「LE-7A」では、燃焼試験と確認を繰り返しながら推進剤配管に挟むオリフィスで調整していた。具体的には、［1］短時間の燃焼試験を行う［2］配管を分解して規定の性能になるようなオリフィスを挟み込む［3］再度燃焼試験を行って性能を確認する――という3段階を繰り返す。

LE-9の場合は、これが1回の燃焼試験で終わる。燃焼試験でリアルタイムに推力や推進剤流量のデータを取得し、その場で電動バルブを動かして適切な開度を設定するのだ。

電動バルブの採用はLE-9の開発段階でも大きな威力を発揮している。開発時の燃焼試験は燃料と酸化剤の混合比や流量などをきめ細かく変えて、さまざまな運転条件で実施する。オリフィスを挟み込む従来のやり方では、1回の燃焼試験で1つの運転条件でのデータしか取得できなかった。

LE-9は燃焼試験中に電動バルブを動作させ、複数の運転条件でのデータを1回の燃焼試験で取得できる。「1回の試験で10種類もの運転条件でのデータが取得できる。これはLE-7

やLE-7Aの開発の時からの大きな進歩」(JAXA　H3ロケットプロジェクトマネージャ(当時、現JAXA理事)の岡田匡史氏)。

部品加工は3Dプリンターや標準材で低コスト化

LE-9エンジンでは低コスト化のために様々な新しい製造技術を導入した。その代表格がアディティブ製造(3Dプリンティング)である(図7)。平らにならした粉末材料の表面をレーザー(もしくは電子ビーム)で走査する「粉末床溶融結合法」、レーザーなどを照射した部分に粉末材料を吹き付ける「指向性エネルギー堆積法」の両方を使っている。

複雑形状を一体化してコスト低減

ターボポンプや配管バルブのケーシングは、粉末床溶融結合法でチタン合金製部品を造形する。従来は切削で製造していた部位だ。高温高圧にさらされる燃焼室マニホールドやインジェクターの本体は、従来は耐熱性に優れるニッケル系合金を切削や鋳造、さらに表面加工を加えて溶接するなどして組み上げていた。ニッケル系合金は難削材であり溶接も難しく、熟練作業者による注意深い加工が必須だった。これをLE-9では指向性エネルギー堆積法のアディティブ製造を適用する。

最終的にはエンジンの最重要部品と言える主燃焼室に推進剤を噴射する噴射器(インジェクター)のエレメントという部品も、アディティブ製造を適用する。アディティブ製造したエレメントは、1つのまとまった部品となる。その分コストの低下と信頼性を向上させることができるわけだ。

図7　LE-9に適用されたアディティブ製造

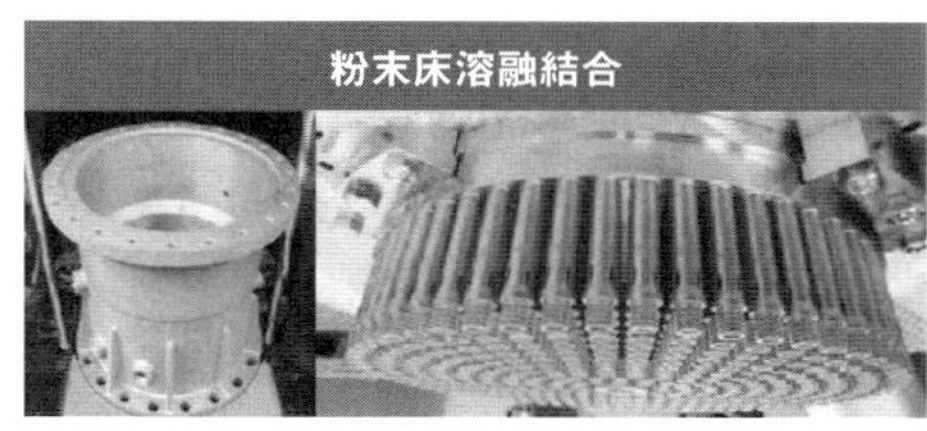

ターボポンプケーシング　噴射器エレメント

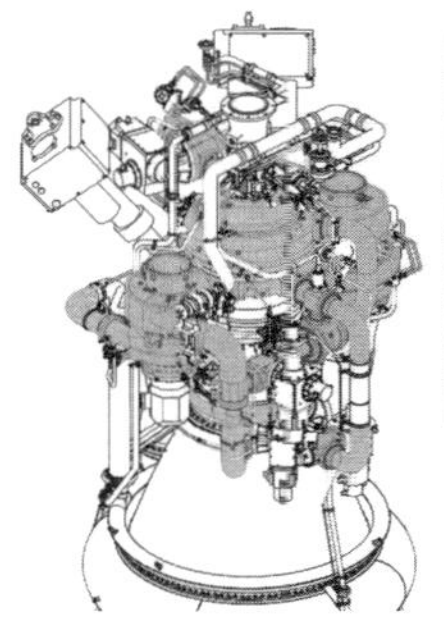

燃焼室マニホールド

チタン合金やニッケル合金などの部品にアディティブ製造を適用し、部品点数や工数などの削減によって低コスト化、信頼性の向上を狙う。(出所:三菱重工、JAXA)

LE-9ならではの製造法もある。エキスパンダー・ブリード・サイクルを採用したLE-9は、ターボポンプを駆動する高温ガスを、主燃焼室の壁面からの吸熱で生成するための長大な燃焼室を持つ。

燃焼室は伝熱性の高い銅の内筒を強度の高

図8　燃焼室の内筒・外筒

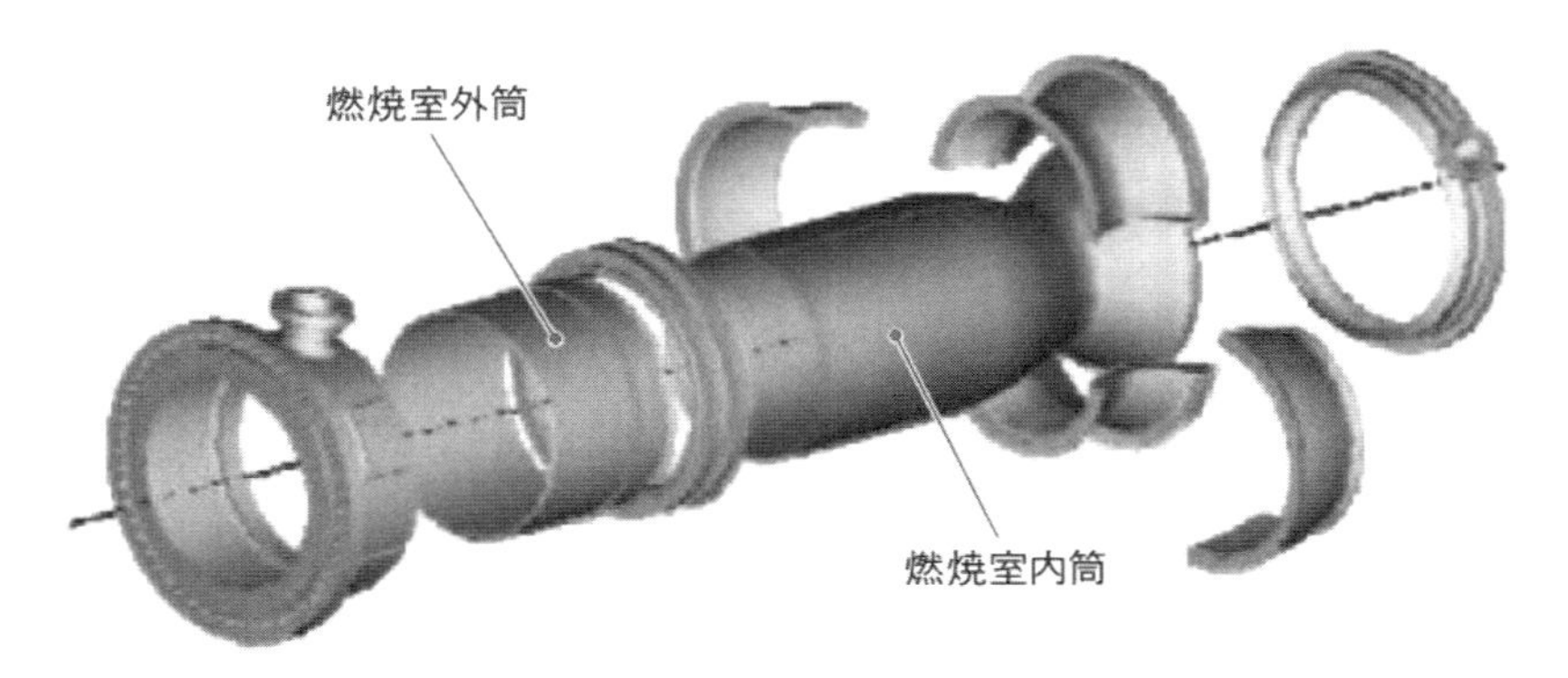

燃焼室の内筒は銅合金製の一体もの。LE-9では「エキスパンダー・ブリード・サイクル」を採用するため、燃焼室壁面の面積を大きくしなければならなかった。（出所：JAXA）

図9　粉末冶金で製造したターボポンプのケーシング

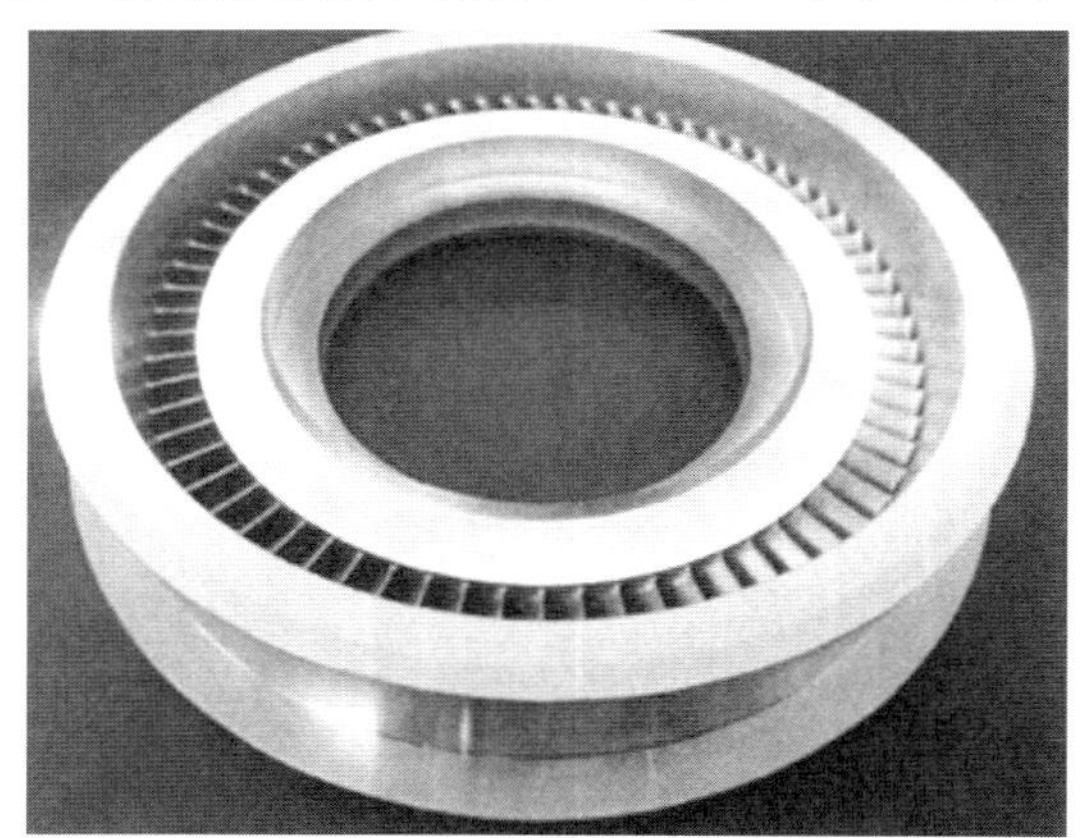

（写真：JAXA）

い外筒で覆う2重構造となっており、このうち内筒は一体成形する必要がある(図8)。LE-9の燃焼室内筒は「フローフォーミング」という技術で製造した。事前に型を使って鍛造で成形した銅の素材を、マンドレルという回転する型に押しつけて塑性変形させる方法だ。これによって、長大な燃焼室内筒の製造を実現している。

ターボポンプのケーシングの製造には、粉末冶金も採り入れた(図9)。金属粉末を金型に詰めてプレスし、焼結炉に入れて高温で焼き固める。複雑形状の部品を一気に製造でき、製造手順が減る分コストが下がる。

カタログにある汎用の素材を活用する

地味だが見逃せない改良ポイントとして、H3ロケットではロケットを製造する素材として汎用の規格品をなるべく使うようにしている。その1つが、ロケットの推進剤タンク。平らな板を筒状に丸め、その上下にタンクドームというお椀(わん)形の部品を溶接して製造する(図10)。

日本のロケットは、このタンクドームの製造方法を、長い年月をかけて改良してきた。まず「H-II」ロケットでは、素材の板からみかんの皮をむいたような形を多数切り出し、それらを組み合わせることで半球形状のタンクドームを造っていた。「オレンジピール」と呼ばれる製造法である。

H-IIAでは、スピニングマシンという工作機械でドームを一体成形するようにした。素材の

図10　成形後のタンクドーム

汎用サイズの板材を複数枚溶接してから成形して造った。特殊サイズの板材を使わずに済むため、コストダウンできた。（写真：三菱重工、JAXA）

板を円形に切り出して回転させながら型に押しつけ、塑性変形させていく。この方法では、素材となる円盤を一枚の板から切り出す。タンク直径が大きくなると、素材メーカーが標準品としてカタログ化しているサイズの板からは切り出せなくなるので、より大きな素材を特注する必要があった。

そこでH3ロケットでは、カタログにあるような汎用の素材を溶接で継いで必要な大きさの円板を造り、それをスピニングマシンにかけてタンクドームを製造するようにした。特注部材が不要になり、低コスト化できた。製造方法変更に当たっては、素材板の接合部位の強度が十分にあるか、接合部位がスピニング加工に支障を来さないかなどを事前に確認したという。

取り付け方法を一新した固体ロケットブースター（SRB）

先述の通り、エキスパンダー・ブリード・サイクルをあえて大推力のメインエンジンであるLE-9に採用したのは、副燃焼室が不要なので「コスト削減を図れる」メリットがあったからだ。加えて、固体ロケットブースター（SRB）なしで打ち上げられる設計にすれば、打ち上げコストを一層低減できる。裏を返せば、SRBを搭載しないH3-30の構成が完成してこそ、LE-9エンジンを開発してきたメリットを十分に享受できるということになる。

これまで日本の衛星打ち上げ用大型ロケットは「H-Ⅱ」「H-ⅡA」「H-ⅡB」と全てSRBを装着していた。SRBを搭載せず、本体にLE-9エンジンだけ搭載する機体構成はH3で初めて導入するもの。この形式の打ち上げが成功して、やっとH3は「完成」と呼べる段階に到達する。

改めて説明すると、H3には大別して3種類の基本構成があり、打ち上げる衛星の重量や軌道に合わせて使い分ける。

1つは、第1段にLE-9エンジンを3基装備するH3-30。2つ目が、第1段にLE-9を2基装備してSRBを2基装備するH3-22。そして、第1段にLE-9を2基装備してSRBを4基装備する「H3-24」だ。[*10]

＊10 名称の後ろの数字は、1つ目の数字がLE-9の基数を、2つ目の数字がSRBの基数を意味する。これにそれぞれ全長10・4mのショートフェアリング（S）、同16・4mのロングフェアリング（L）と組み合わせて、都合6種類の構成を使い分ける。名称は、ショートフェアリングを装備した30なら「H3-30S」、ロングフェアリングを装備した24なら「H3-24L」となる。

SRBを搭載しない構成は機体構造が単純になり、SRBの分だけ調達コストが下がる利点がある。「H3-30」の打ち上げ能力は、ほぼ地球全球を観測できる太陽同期極軌道に4トン。これはH-ⅡAの打ち上げ能力と等しい。H3-30は1機50億円というコストを目標にしているが、これにはSRBを不要にしたことが大きく奏功している。

JAXAと三菱重工が第1段に採用している液体酸素(液酸)と液体水素(液水)という推進剤の組み合わせは、燃費に相当する性能指標である「比推力」が高いという大きな利点を持つが、同時に大推力を得にくいという欠点を持つ。一方で、固体推進剤は、比推力が低いが大推力を出しやすい。[*11]

ロケットの設計では、打ち上げの初期は重力に抗して機体を持ち上げるための大推力が重要だ。ある程度速度が出てからは、より高い最終速度に到達できる比推力が重要になる。

H-ⅡからH-ⅡBまでの日本の大型ロケットは比推力の大きい液酸・液水と推力の大きい固体推進剤を組み合わせ、打ち上げ初期には固体のSRBで一気に加速し、SRB分離後は液酸・液水の第1段でより高い速度に到達するという設計方針を採用してきた。

これに対してH3は、これまでの液酸・液水ロケットエンジンの研究開発成果を生かして、大推力の液酸・液水エンジンLE-9を開発し、それを3基装着することで、SRBなしの打ち上げを可能にした。

重たいSRBを装着しない全段液体推進剤のロケットは、推進剤タンクが空の状態では機体が軽い。そこで機体各部にアクセスしやすい横倒しの状態での組み立てが可能になる。完全に組

*11　世界的に見ても地上からの離昇に液酸・液水のみを使うロケットは、ボーイングが製造する「デルタ4」ロケットの基本バージョン「デルタ4ミディアム」と、液酸・液水の液体ロケットブースター2基を装着した「デルタ4ヘビー」しかない。

み上がった状態で縦に起こし、推進剤を充填して打ち上げるわけだ。[*12]

H3も構想段階では、SRBを小型化して横倒しで組み立てできないか検討した。しかし、SRBを全段固体の「イプシロンS」ロケット第1段と共用する関係上、SRBを小型化できなくなり、従来通り、機体組立棟(VAB)内で、移動発射台(ML)の上に立てた状態で機体を組み立て、縦のままMLごと射点に移動するという方式に落ち着いた。

第1段機体への取り付け方法を一新した「SRB-3」

最終的には「SRBなしでもOK」が目標だが、H3は初号機から4号機まで現時点(2024年11月)では、SRBを装着して打ち上げている。

H3は、SRBを第1段機体に取り付ける方法を一新した(図11)。

第1段機体の一番下には、打ち上げ時の推力を受け止める構造体があり、第1段エンジンはこの構造体に取り付けられる(図12)。打ち上げ初期の推力を増強する固体ロケットブースターも、この構造体に取り付ける必要がある。

H-IIA/Bの固体ロケットブースター「SRB-A」は、上端のモーターキャップという部材から、打ち上げ時の推力を第1段の構造体に伝える。このため、モーターキャップと構造体を結んで推力を伝達する2本のスラストストラットと、ブースターを位置決めして固定する前後のブレス、合計6カ所で第1段に固定していた。燃焼終了後はこの6カ所全てを火工品(火薬を使

*12 全段液体推進であるロシアの「ソユーズ」「プロトン」ロケットや、スペースXの「ファルコン9」「ファルコン・ヘビー」ロケットは横倒しでの組み立てを採用している。

図11　H3ロケットの固体ロケットブースター「SRB-3」

（出所：IHIエアロスペース）

図12　機体へのSRB-3取り付け部

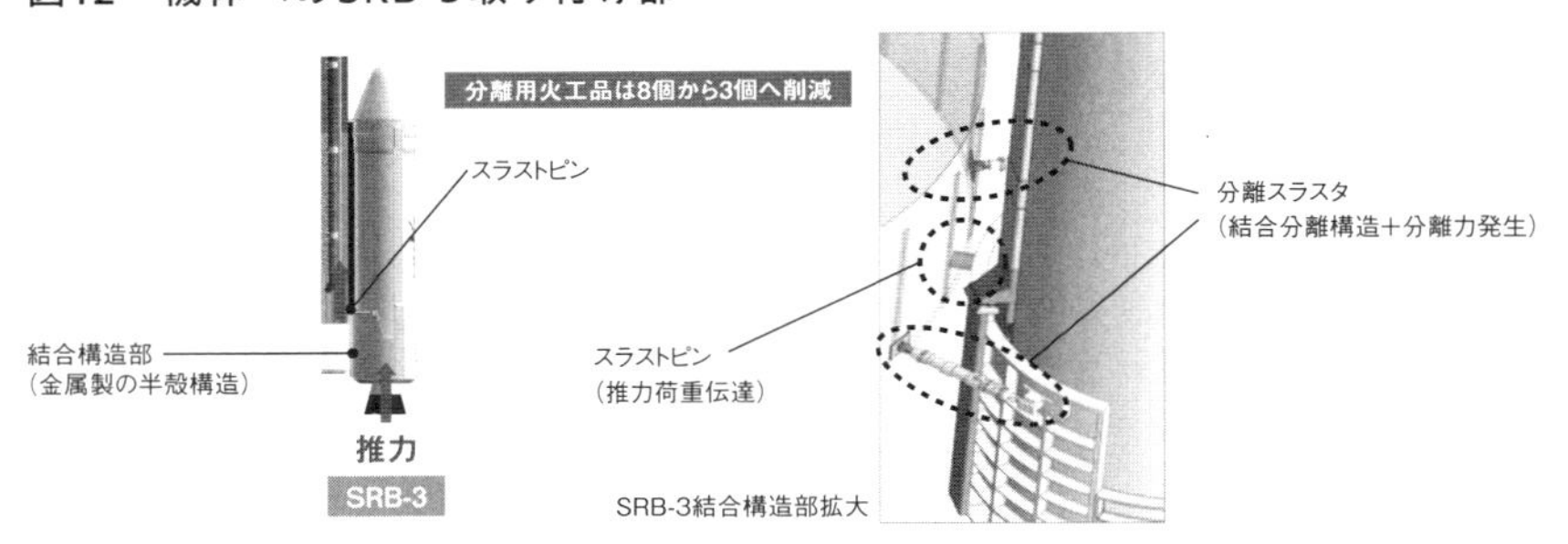

モーターケースを設計し直し、本体との接続部位を減らした。結果、組み立て工数削減を含めたコストダウンを実現している。（出所：JAXA）

った分離装置)で切断して切り離す。

対してH3のSRB-3は、ブースター下部に丈夫なスラストピンという固定用のピンを持ち、このピンを第1段最下部の構造体に差し込むことで固定する。その他には細い補助的な位置決め用のブレスがあるだけだ。構造が簡単になり、第1段との接続部位が減ったので、取り付けの手間は大きく短縮された。8個あった火工品は3個まで減り、同時にコストダウンにも寄与している。

この設計変更が可能になったのは、固体ロケットブースターのモーターケースをイチから設計し直したからだ。

H-IIAのSRB-Aは、米Thiokol(サイオコール)(現ノースロップ グラマン イノベーション システムズ)の設計した複合材料製モーターケースを、同社から技術供与を受けて使用した。このため、固体ロケットブースター側の推力を受ける部位をブースター下部に設けることができなかった。

そこでSRB-Aでは、複合材料製モーターケースの上部に金属製円筒構造のモーターキャップをボールペンのキャップのようにはめ込んで固定し、そこから斜め下方向にスラストストラットを出して、第1段下部の構造体につなぐようにした。固体ロケット、ブースターの推力はスラストストラット経由で第1段機体に伝わる。

H3のSRB-3はモーターケース自体をH3に合わせて最初から設計した。そのため、推力を受ける結合構造部をモーターケース下部に設けることが可能になり、そこから横に出したスラストピンで第1段構造体との結合が可能になった。

「イプシロンS」第1段と共通に

この設計変更に加えて、SRB-3はもう1つの日本の基幹ロケット「イプシロンS」の第1段にも使用する。イプシロンSは3段式ロケットで、全段に固体推進剤を使用する。地球低軌道に1・4トン以上の打ち上げ能力を持つロケットとして2025年に初号機を打ち上げる予定で開発中だ。

イプシロンSの第1段は、モーターケースや推進剤組成がSRB-3と共通である。大きな違いは、SRB-3がノズル固定なのに対して、イプシロンSの第1段は姿勢制御のためのノズル首振り機構を持つ点。SRB-3の燃焼試験ではイプシロンS用のノズル首振り機構の試験も行い、両ロケット合わせての開発コストを低減させた。

この他にもイプシロンSは、[1]2、3段の推進剤組成をSRB-3と共通化[2]各段切り離しなどに使用する火工品をH3と共通化[3]アビオニクスの主要機器をH3と共通化[4]射場設備や打ち上げ時の飛行を監視する飛行安全設備をH3と共通化、などの共通化を行い、H3とイプシロンSを合わせた開発・製造コストを低減する。

工場に自動化設備を積極導入

H3はH-IIAに対してコスト半減を目標にしているが、発注から打ち上げまでのリードタイムもH-IIAの2年を1年に短縮することを目指している。そこでH3の製造・組み立てでは、大量生産する民生品に近い自動化設備も導入した。コストダウン及びリードタイム短縮のためだ。これまでロケットは、作業者が一つひとつ手で組み立てていた。

機体の接合やバルブの組み立てを自動化

推進剤やガスの配管系には多数の逆止弁(チェックバルブ)が挟み込まれていて、配管内の逆流を抑止している。これらのバルブの製造は三菱重工業が担当しており、従来のH-IIA/Bではこれらのバルブは手組みだったが、H3では自動組み立てラインを導入した(図13)。

同じく三菱重工が製造する第1段と第2段を接続する段間部の製造も自動化した。H-IIA/Bの段間部は、軽量な炭素繊維強化プラスチック(CFRP)製で人の手によって組み立てている。H3の段間部はコストダウンのために、CFRPよりもやや重量がかさむが安価なアルミ

図13　逆止弁（チェックバルブ）の自動組み立て機

（写真：三菱重工、JAXA）

図14　第1段と第2段を接続する段間部の製造に導入された自動打鋲機

（写真：三菱重工、JAXA）

ニウム合金の波板にリベットを打って組み立てる。このリベット打ちは、作業者が手で行うのではなく自動打鋲（びょう）機が打つようにした（図14）。

川崎重工業担当の、打ち上げ初期に空力抵抗や過熱から搭載衛星を保護するフェアリングも、H3のフェアリング専用の組み立て設備を導入して省力化を図った。IHIエアロスペースが担当する固体ロケットブースター「SRB-3」でも製造設備を改良して作業性を向上させ、製造に必要な日数をH-IIAの固体ロケットブースター「SRB-A」の43日から21日にまで短縮した。

年間6機でも自動化設備導入のメリット

これまで製造の自動化や省力化が進まなかった背景には、H-IIA／Bまでのロケットは生産数が少なく、また各部品に厳しい信頼性認証が要求されるために、基本的に人の手で組み立てざるを得なかったという実情がある。日本のロケットは衛星を打ち上げ始めた1970年代から、ずっと年1～2機程度の打ち上げペースが続いた。

自動化や省力化には投資が必要だ。投資の回収には、自動化による生産数の増加が不可欠である。しかし年に1～2機程度では、自動化の投資が見合わなかった。

H-IIA／Bから、日本はやっと年3～4機をコンスタントに打ち上げられるようになった。H3は年6機程度を打ち上げることを目指している。H3における自動化設備の導入は、この規模のロケットを年6機製造するのであれば、人件費のかさむ一部の工程に自動化設備を導入してもきちんと割に合うようになってくることを示していると言えるだろう。

一方で、ロケットには今なお人の手で製造・組み立てを行わねばならない部品も存在する。典型例が液体酸素と液体水素配管の主弁（メインバルブ）だ。特に、液体水素配管の主弁は、マイナス250度と極低温で、かつ分子量が小さく漏れやすい液体水素を、漏れることなく確実に封止しなくてはならない。そのためには高精度の部品製造と、高精度の組み立てが必須。これをクリアできるのは今のところ熟練作業者による製造・組み立てだけである。

56輪のEVで発射台ごと運ぶH3ロケット 射場での作業期間は半減

H3はオペレーションコストもH-IIA／Bに比べて圧縮できるように機体を設計している。ロケットの運用コストは、大まかに製造コストと輸送や射場での組み立て・打ち上げのためのオペレーションコストに区別される。オペレーションコスト削減の基本は、準備に必要な時間の短縮だ。準備期間が短くなれば、それだけ作業者の人件費が下がる。射場でのオペレーションは、［1］組み立て［2］点検［3］衛星搭載［4］打ち上げ［5］射場設備点検・補修、に大別される。H3ではこの全てを短縮しつつ低コスト化することを狙っている。種子島宇宙センターにおける組み立てと点検作業は、H-ⅡA／Bの約1カ月に対して、H3では半月まで短縮することになっている。

発射台の上面をフラットにして打ち上げ後の補修を不要に

地味だが整備コストに大きく効く改良として、H3用発射台は、上面を完全にフラットにして発射台設備が直接噴射を浴びないようにした(図15)。

従来のH-ⅡA／B用発射台は、下に噴射ガスを逃がす開口部が狭く、エンジン点火時に強い音響振動が発生していた。音響振動は搭載ペイロードをも揺らすので、発射台上面に散水設備を設置していた。水の噴射で音響振動を緩和する仕組みだ。ただし、散水設備は打ち上げ時に、第1段エンジンと固体ロケットブースターからの高温ガスの噴射にさらされるため、打ち上げ後の射点設備整備作業で、補修や交換が必須だった。

H3の発射台では、開口部を大型化し、かつロケットを載せる位置を発射台上面より下に下げた。これにより発生する音響振動は、開口部から吸い込まれる空気と共に排煙口へと抜けていき、ロケット側への戻りが少なくなる(図16)。散水設備は不要となり、発射台上面がフラット化された。

図15　H3ロケット用の移動発射台

上面をフラットにするなど、H3ロケット用に新規開発した。(写真：JAXA)

図16 発射台の上面

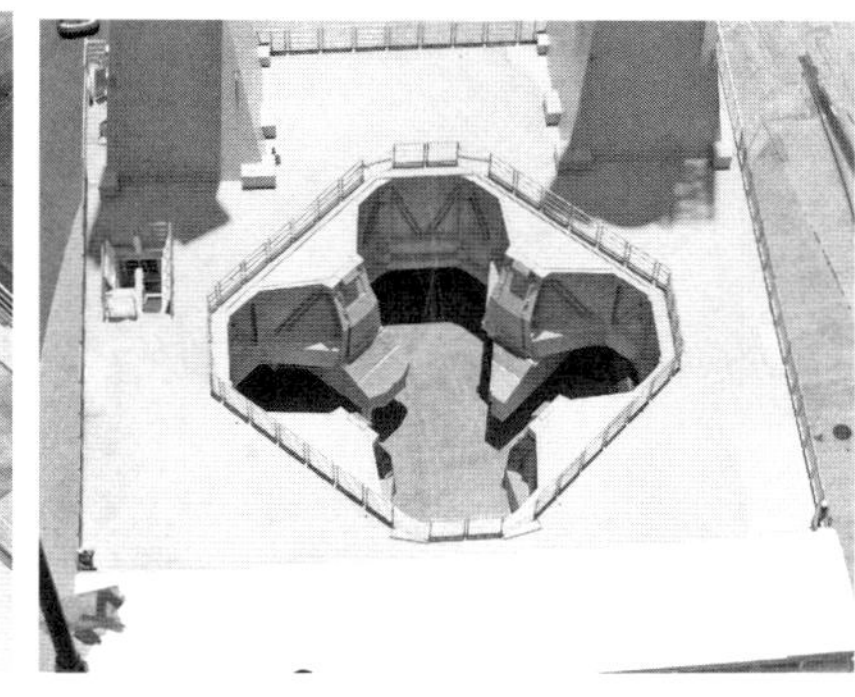

左が従来（H-IIA／B）の発射台、右がH3の発射台。上面の開口部を大型化し、台の上面には設備が露出しないように改良した。（写真：JAXA）

電子機器のネットワーク化で打ち上げ前の点検時間を短縮

H3のアビオニクスネットワーク化は、射場における組み立て期間の短縮を目指したものでもある。

アビオニクスがネットワークになり、機体につなぐ配線本数は大きく減った。また、搭載機器の動作チェックも外部からネットワーク経由で行えるようになり、作業者がロケット内部に入って行う作業がなくなった。同時に機能試験自体の自動化も進め、一例として配管各部にあるバルブの点検は、H-IIA／Bは1日を要したものが、15分で行えるようになる。

ネットワーク化による射場での作業負荷軽減の恩恵の1つとして、ロケット射点近くに大人数の作業者が詰める発射管制棟（通称ブロックハウス)を設置する必要がなくなった。従来のH-IIA/Bでは、ロケットから大量のケーブルを引き出す関係上、ロケットが打ち上がる射点から約500mの整備組み立て棟横の地下にブロックハウスという点検用施設を設置していた。点検時と打ち上げ時に作業者がここに詰めてロケットの状態を監視する。

H3では射場での作業が減ったため、大人数が射点直近に詰める必要がなくなり、ブロックハウス機能は射点から約3・2km離れた場所(打ち上げ作業全体の指揮を執るための総合指令棟の隣)に移設された。ブロックハウスでの勤務は安全確保のために、打ち上げ約9時間前に推進剤の充塡が始まると、打ち上げ後の安全確認が完了するまで地上に出ることはできずに、地下に籠もりきりとなる。ブロックハウス機能が移転したことで、作業者にかかる負荷も軽減された。

機能多重化で故障に備えた新型ドーリー

種子島宇宙センターに搬入されたH3は、機体組み立て棟で発射台の上に垂直に組み立てられる。固体ロケットブースターや、衛星を内蔵したフェアリングを完全に取り付けた状態まで組み立ててから、発射台ごと実際に打ち上げ作業を行う射点へと移動させる。移動に使うのが、2台のドーリーと呼ばれる運搬車だ(図17)。

打ち上げ施設のどこでロケットを組み立て、どこから打ち上げるかは、ロケットの運用性を決定する重要なポイントである。初期のN-Iロケット(運用開始は1975年)からN-IIロケット

図17　H3発射台を移動させるための新ドーリー

2台で発射台ごと射点まで移動させる。最大1460トンの重量物を運ぶ能力を持つ。主要機能は多重化して信頼性を高めており、各部の自己診断機能も充実させた。（写真：JAXA）

（同1981年）、H-Iロケット（同1986年）までは、実際に発射を行う射点上に組立棟があり、射点でロケットを組み上げていた。

組立棟は線路で移動可能になっており、打ち上げの際は退避してロケットが表に出てくる。このやりかたでは、組み立てと射点設備がコンパクトにまとまるが、組み立てと打ち上げ作業を同時並行で実施できないため、打ち上げ回数は限られる。当時は年2回の打ち上げ頻度だったので、十分実用的だった。

H-IIロケット（運用開始は1994年）では、機体組立棟と射点を分離した。ロケットは機体組立棟で発射台上に組み上げる。発射台は鉄輪を持ち、射点まで続くレールが敷かれており、ロケットを載せた発射台がレール上を射点まで移動する。射点にも射座点検棟という整備棟があり、衛星とフェアリングは射座点検棟で組み付ける。

H-ⅡA(運用開始は2001年)からは、発射台はレール上を移動するのではなく、発射台を2台のドーリーに載せて移動する方式になった。ドーリーは路面に埋めた磁石で誘導する自動操縦で、時速2kmでロケットと発射台を運ぶ。ドーリーはステアリングを切って進行方向を変えられるので、組立棟や射点の増設や発射台の新設にも対応できる。この方式を使い、H-ⅡAとH-ⅡBというサイズの異なる2種類のロケットを運用してきた。また、衛星とフェアリングも機体組立棟で組み付けるようにして、射座点検棟を廃止した。

H3では、新たなドーリーを開発した。ドーリーは搭載したディーゼルエンジンで発電し、電動モーターを移動の動力とする。56個の車輪を持ち、車輪は2つ1組で1軸のステアリングに取り付けてある。全車輪がステアリング可能で、斜め横方向にも移動できる。重量は1台150トン。油圧で全高を変える機能を持ち、発射台の下に潜り込み、持ち上げて移動させる。2台で最大1460トンの重量物を運ぶ能力を持つ。

宇宙向けならではの工夫として、ディーゼル発電機や油圧系などの主要機能は多重化し、移動本番で故障が発生しても支障なく使える。維持コスト半減を目標に、各部の自己診断機能の充実や車体各部の整備性を向上させた。

Part 3

キーパーソン インタビュー

Rocket Survival 2030

INTERVIEW

H3ロケットには勝ち目がある

2024年7月、3号機の打ち上げに成功した日本の次期基幹ロケット「H3」。
宇宙航空研究開発機構（JAXA）理事
（打ち上げ当時はH3プロジェクトマネージャ）の岡田匡史氏は、
技術的な課題は「ほぼない」と今後の打ち上げにも自信を見せる。
H3を成長させたその先に、新たな技術との融合による
回収・再利用型ロケットという可能性もあると示唆する。

宇宙航空研究開発機構（JAXA）理事
岡田匡史

岡田匡史（おかだ・まさし）：JAXA理事。旧宇宙開発事業団（NASDA）角田ロケット開発センター、種子島宇宙センター（ロケットエンジン開発試験担当）、H-IIAプロジェクトチームなどで液体ロケット開発に参加。システムズエンジニアリング推進室長、宇宙輸送推進部計画マネージャを経て2015年、H3ロケット開発のプロジェクトマネージャ。2024年4月から現職。

写真：的野弘路

――H3ロケット初号機の打ち上げは結果として失敗に終わりましたが、H3の要ともいえる主エンジンLE-9は最後まで動作しました。

岡田氏：ロケットは人工衛星を届けてなんぼです。初号機の打ち上げについては人工衛星を宇宙に届けられなかったのですから、失敗は失敗です。大きな失敗でした。ただ、ご指摘の通りLE-9エンジンが最後まできちんと動作するなど、新規に開発した技術の塊である第1段はうまくいきました。発射時にロケットと台座はぶつかりませんでしたし、H-IIAから設計を一新した固体ロケットブースター「SRB-3」の分離機構もきちんと動作しました。初号機の第1段は、技術的に全部うまくいったのです。

初号機打ち上げの失敗から1年近くかけて、失敗の原因を究明し、打つべき手は全て打って、2号機は軌道に乗せることができました。H3が宇宙に行けるシステムであると証明できました。これで人工衛星を搭載してもよいだろうと判断して、実際の人工衛星を搭載した3号機の打ち上げに臨んだわけです。

それでも3号機の打ち上げで心に余裕があったかと聞かれれば、答えは「ありませんでした」です。ロケットの打ち上げは、1度うまくいったからといって次も必ずうまくいくとは限らないのです。人の手によるものですから、何かの拍子に故障は起こり得ます。

打ち上げの成功が続けば品質も安定したという自信が生まれます。それはこれからということになります。

――現在、H3が抱えている技術的な課題はありますか。

岡田氏：ほぼありません。3号機まで3回しか本番のフライトはしていないとはいっても、その他に機体を組み上げて地上設備との接続を確認したり、燃料を充填したりする総合システム試験を実施し、第1段のエンジンだけを発射台の上で燃焼させるCFT（Captive Firing Test）も行っています。これらは本番の打ち上げと同じ手順で実施しています。各種試験で多くの経験を踏んできたので作業自体がこなれてきて、実施するたびにトラブルは減っています。しかも、H-ⅡAで同様の経験をした時よりも、その減り方が早い。H3が良い設計になっている証拠でしょう。

例えばアビオニクス（電子機器）や推進系です。推進系では推進剤充填時のバルブ回りのトラブルも少なくなっています。

H3は、前基幹ロケットであるH-ⅡとH-ⅡAの体験で得た知見の集大成です。日本のロケット開発は、H-ⅡAまでは初号機が打ち上がるとすぐ次の開発に入るというほど開発計画をオーバーラップさせて、技術を急速に成長させてきました。それに対してH-ⅡAは運用期間が長かったので、運用中に得た様々な知見をH3に取り込めました。

――H-ⅡA運用で得た知見が設計に反映できている点を具体的に教えてもらえますか。

岡田氏：例えば、推進剤の充填作業です。H-ⅡAの運用を通して判明した充填時に注意すべき勘所をH3では設計段階であらかじめ盛り込みました。

この他、H3の自動点検機能には、H-ⅡAの運用で得た知見がずいぶんと組み込んであります。従来は作業員の手作業で苦労したり、時間がかかったりした部分を、H-ⅡAの運用で得た知見に基づいて自動化した結果、打ち上げ準備作業の高速化や省力化を実現しました。

例えば、H3では点検に必要な数多くのセンサーをあらかじめ取り付けてあります。現在では、管制室でボタンを押すだけで点検の必要事項をチェックできるようになりました。

健康診断などで心電図を取る時、最も時間がかかるのは体にセンサーを付ける作業です。H3も同様ですが、あらかじめ点検に必要なセンサーを取り付けているので、改めて作業員が点検のために取り付ける作業がなくなりました。これもH-IIAの運用で得た知見あってこそ実現できたことです。

今後、打ち上げ作業を繰り返し、そのたびに得られた知見を設計や運用に反映していけば、より手順は改善され、より取り扱いやすい「理想のロケット」に近づいていきます。

○エンジン内の物理現象をどこまで理解できるかが勝負

——第1段のLE-9エンジンは、現在「タイプ1A」という形式です。今後、「タイプ2」というエンジンを開発できれば、LE-9の開発はそこで完了するというスケジュールです。現在、タイプ2エンジンの開発はどのような状況でしょうか。

岡田氏：タイプ2エンジンの目標は「性能の向上」です。これはLE-9が当初目標としていた性能を出すという意味です。併せてコスト削減も図ります。現状のタイプ1Aエンジンは、推力150トンfという目標は達成しています。推力は開発当初からクリアできていました。課題は「比推力」です。比推力とは、自動車で言えば燃費に相当する性能指標です。これが当初目標をクリアできていません。

ロケットは燃料も酸化剤も全部搭載して加速しますから、少ない推進剤で効率良く加速するためには燃費が良くなくてはいけません。つまり比推力はロケットの性能にとって大変重要なパラメーターです。

比推力を向上する対策は色々あります。タイプ1Aエンジンではまず、手早く実施できる対策を優先的に採用しました。時間のかかる対策はタイプ2エンジンに回し、併せて部品の製造に3Dプリンターを使ったり、切削加工から鋳造に変更したりするコストダウン対策も採用する計画です。

——比推力を向上させるためには、どのような対策を打っているのでしょうか。

岡田氏：大きくは、ターボポンプの性能とエンジンの燃焼効率の向上、そしてエンジンのシステム全体のチューニング——この3つです。今も設計作業は続いています。性能向上は、エンジン内部で起きている物理現象との戦いです。燃焼や流れといった物理現象をどれだけ理解しているかが勝負の勘所。燃焼試験を実施して、その結果を設計にフィードバックするという繰り返しです。

もちろん個々のエンジン構成要素、例えば、ターボポンプや燃焼器でも試験をしては設計にフィードバックするという繰り返しです。その上でシステム全体の燃焼試験を行っています。現在（2024年8月時点）は、システム全体で勝負している段階ですね。

LE-9の開発としては最終段階なので、納得のいくものに仕上げたい。繰り返しになりますけれど、エンジン内の物理現象を分かり抜いた上で、「このエンジンは安心して使える」というレベルまで持っていきます。試験のたびに判明してきた課題について少しずつ答え合わせをしながら開発を進めたい。タイプ2を中途半端には仕上げたくない。

写真：的野弘路

要素部品単体の試験は、エンジン全体の現象の一部しか捉えていません。しかし、そこで得られたデータを使って「全体ではこうなるだろう」と推測してエンジンを設計してきました。その上でエンジン全体の燃焼試験を行うと、要素部品単体の試験で得られたデータの答え合わせになるのです。

――固体ロケットブースターを持たないH3-30型は、主エンジンLE-9の完成形であるタイプ2が出来上がってから実機の初打ち上げとなるのでしょうか。

岡田氏：いいえ。固体ロケットブースターを持たないH3-30は、タイプ2の完成を待たずして打ち上げるでしょう。LE-9は定格推力の150トンfを達成しており、ペイロードになる衛星が軽ければ、H3-30の打ち上げは現状でも可能なのです。

現在、H3-30は、地球を南北に周回する太陽同期軌道に4トン以上の打ち上げ能力を持つとだけ公表しています。LE-9のタイプ2が完成すれば、例えばH3-30の打ち上げ能力が5トンになる、という可能性もあります。

○H3を「成長するロケット」にしていきたい

——今、海外の宇宙輸送系の動きが非常に活発です。特に米スペースX（Space Exploration Technologies）の「ファルコン9」ロケットをはじめとした、第1段を回収して再利用するロケットが登場しています。これに対してH3はロケットを回収せず、低コストで高頻度、高信頼の打ち上げを実現する「究極の使い捨て」という目標を掲げています。この目標は揺るがないのでしょうか。

岡田氏：宇宙輸送系といっても要求される能力は宅配便と同じです。低コストで高い信頼性を維持して、なおかつカスタマーの要望に柔軟に応えられることですね。H3はこれらを実現できるロケットにします。

もちろんH3の開発を開始した10年前とは状況が大きく変化しています。まず、我々が当初H3に思い描いたものとして実現することが最初のゴールです。同時に世の中の変化にフィットするようにH3を成長させていきます。

——具体的にはH3をどのように成長させるとお考えでしょうか。

岡田氏：例えば、様々な衛星を複数同時に打ち上げられるようにするといったことです。かつては大型の衛星を1つずつ打ち上げていました。しかし、最近は衛星コンステレーション（一体運用する衛星群）を構築する動きが盛んです。そのために必要な「複数の衛星打ち上げ」への対応も考えられます。

打ち上げ頻度をもっと高くしたいという目標も成長の1つです。そのためには製造から打ち上げまでの手順の見直しが重要になります。高頻度で打ち上げを続けられれば、手順の見直しも頻繁になり、そのたびに見つけた課題を解決していきますから我々が目指しているゴールに早く近づけます。年1回の打ち上げなら、10回打ち上げるまでに10年かかりますが、年6回なら1・5年で10回打ち上げを達成できます。

○「H3には勝ち目がある」

——H3は国際市場でどの程度、競争力を確保できると考えていますか。

岡田氏：H3には勝ち目があると思っています。国際市場で十分に商品価値があります。

H-ⅡAで培った打ち上げの実績を評価され、数は少ないですが商業契約に基づく打ち上げも実施しています。H3ロケットが3号機で実衛星を搭載して打ち上げに成功したので、一気に世界から注目されている状況でしょう。恐らく三菱重工業には相当な数の引き合いがあると思います。獲得した信頼を大事にして、究極の使い捨てロケットであるH3を、世界中で使っていただけるようにしていきたい。必要があれば、H3を世の中の動きにフィットさせるという感覚で、今後の開発・設計に臨んでいきます。

――今年（2024年）、スペースXのファルコン9は年100回以上打ち上げそうな勢いです。日本で年100回の打ち上げは現実的ではありません。

岡田氏：国の基幹ロケットであるH3の最重要使命は、日本政府の人工衛星を打ち上げる能力の保持です。国際競争力は、あくまで自国の衛星打ち上げ能力を補うものとして必要なのです。基幹ロケットとしての役割と国際競争力という両輪を上手に回していくことが、H3の成長には必要だと考えています。この基本を忘れてはいけません。

もちろん国際市場からH3にアクセスしやすくするのは大切です。コストダウンも当然必要です。国際市場での競争力を確保するのは当然として意識していきます。

ロシアが西側と断絶したために西側諸国は人工衛星の打ち上げにロシアのソユーズロケットを使えません。こうした状況は追い風と考えていますか。

岡田氏：そうですね。状況としてはその通りです。

――円安も追い風でしょうか。

岡田氏：良い面もあれば悪い面もあります。輸入している材料費が上がりますが、H3での打ち上げを欧州やアメリカの国や企業と契約する際には価格競争力で有利になります。

○3段階のグレードアップを経て、次の基幹ロケットにつなげる

――LE-9の技術的延長線上に次のエンジンはあるのでしょうか。

岡田氏：まだ決まっていません。これからの検討次第です。炭化水素系の推進剤を採用するという

写真：的野弘路

話も出ていますが、エンジンの開発は〝魔物〟であり、推進剤の変更は大変大きな決断となります。

エンジンサイクルの変更も大きな決断が必要です。スペースXが開発している「ラプター」のように、構造は複雑ですが高性能を実現できる「フルフロー2段燃焼サイクル」では、酸化剤リッチの不完全燃焼ガスでタービンを回す技術が必要です。この技術に日本はまだ手をつけていません。そう簡単に実現できるものではないでしょう。

当然、先行研究であらかじめ基礎技術をフロントローディングする必要があります。今後の次期基幹ロケットの検討と並行して、必要になるかもしれない技術に幅広く投資していかなくてはなりません。

――H3は今後20年を担うという開発意図でしたが、スペースXが開発した回収・再利用型の「ファルコン9」と「スターシップ」で、世界の宇宙産業の市場が大きな潮目を迎えています。その中でH3をどう成長させていく考えでしょうか。また、H3の次の次期基幹ロケットにどうつないでいくのですか。

岡田氏：ちょうど2024年7月23日、文部科学省の宇宙開発利用部会で基幹ロケットの4段階のアップグレードについて話したところです。アップグレード1から3までがH3の段階的改良。今後3年間隔でトータル10年程度となります。アップグレード4がH3の次の世代となる次期基幹ロケット。これが2030年代という位置付けです。

アップグレード1では多種多様な衛星の打ち上げへの対応と、ロケット各部の信頼性向上を図ります。同時に基幹ロケットのアップグレードという、これまで経験したことのない開発作業の手順確立も狙います。世界的に需要が高まっているコンステレーション（一体運用する小型衛星の衛星群）のための小型衛星打ち上げにもアップグレード1で対応します。

アップグレード2は、ロケットシステム全体の低コスト化と簡素化です。運用手順を含む高頻度打ち上げを可能にする技術を入れ込み、国際競争力の確保と安定した運用を目指します。

アップグレード3では、アメリカのアルテミス計画をはじめとした国際協力ミッションへの対応と深宇宙探査などのために打ち上げ能力を向上させ、同時に次の世代に向けた再利用技術の飛行実証も目標とします。H3の次の次期基幹ロケットへの橋渡しとなるアップグレードです。

しかし、次期基幹ロケットはH3と全く別系統のロケットにはなりません。技術的には継続していきます。とはいえ、今後の検討次第では推進剤が液体酸素・液体水素から、炭化水素系になるというようなドラスチックな変化があるかもしれません。

H3の能力増強（アップグレード3）では、基本的に第2段の増強になります。素直に考えると第2段のタンク容量を増やして、搭載する推進剤を増やすわけです。その場合、まずは第2段タンク構造を変えて第2段推進剤を増やすという対応の検討もするでしょう。今のH3第2段は、液体酸素タンクと液体水素タンクが独立した構造ですが、これを1つの仕切りで両者が結合した共通隔壁という構造にすると、高さを変えずに推進剤容量を稼げます。

――1つ気になっているのは、H3を使った惑星間空間への探査機打ち上げです。この場合はロケット全体の増速量が大きくなくてはいけません。つまり第3段や第4段相当の上段やキックモーターが必要となります。H3は、H-Ⅱ以来の静止軌道打ち上げに特化した第2段構成を維持していますが、上段やキックモーターが必要ではないでしょうか。

岡田氏：それはユーザーのニーズを調べつつ検討していきます。トータルの増速量が増える上段やキックモーターの利用は、H3のフェアリング容積との兼ね合いのなかで検討します。

○種子島宇宙センターの老朽化した設備には予防保全で対応

――老朽化が進んでいて、更新が必要とも指摘される種子島宇宙センターの設備更新についてどう考えていますか。

岡田氏：5年ほど前から若手を中心に、複雑で老朽化が進んでいる設備を健全な状態に保つ予防保

写真：的野弘路

全技術の確保と体制づくりに取り組んでいます。この1年ほどで、少しずつ運用し始めています。最終的には、全面的にデータに基づいた体系化を目指します。

例えば、電気系でどの部位がどんなタイミングで壊れて故障に至るのか。どうすればそれを事前に防げるのか。データを集めて、決定的な故障が起きないように事前にメンテナンスする運用体系づくりに注力しています。

地上インフラには推進系の液体酸素や液体水素、水の配管系のバルブなど、打ち上げ当日にそれが機能しないと止まってしまう部位があります。打ち上げではかなり大量の水を使いますが、水を使うということはさびるということでもあります。そういう部位をどうモニターして、どう予防保全するか。工夫を凝らしています。

――既存の設備を維持する仕組みの構築と並行して、耐用年数を超えた設備の更新も必要ではないでしょうか。

岡田氏：施設の更新にも取り組みます。しかし、今の段階ではどの設備から更新すると言った具体的な計画は決まっていません。

――特にアップグレード3の打ち上げ能力増強に関連して、種子島宇宙センターの機体組立棟（VAB）の天井高をかさ上げする必要があるのではないでしょうか。それ以外にも次期基幹ロケットの開発に向けてはエンジンテストスタンドから射点まで大規模投資が必須ではないですか。

岡田氏：設備投資は大変大きな金額になると予想できるので、そう簡単な話ではありません。すぐにVABの天井をかさ上げするといった話にはならないでしょう。

H3の開発は既存施設を利用できるぎりぎりの規模でした。もっとエンジン推力が大きくなると、種子島の第1段エンジンテストスタンドは限界ですし、第2段エンジンを増強するとなると角田宇宙センターの高空燃焼試験設備（HATS）も限界で、設備の拡張・新規建造が必要になります。推進剤が炭化水素系になると、試験施設、射点の双方に新しい推進剤の供給系も必要です。投資額が大きくなるので、慎重に検討していく必要があるでしょう。

――次期基幹ロケットでは、種子島以外の射点は必要ないですか。

岡田氏：色々と議論されているのは承知しています。しかし、私自身としては考えていません。

○研究開発現場と実システム開発現場が一体になるような開発体制を

——H3の次となる基幹ロケットに向けて、どのような体制で検討を進めていくのでしょうか。

岡田氏：私が今年（2024年）4月にJAXA理事に就任して、まさに力を入れているのがその体制づくりです。これまで再利用宇宙輸送システムは要素研究の色彩が濃くて、主に研究開発部門で実施しており、研究しただけで終わってしまう可能性があります。それではもったいないので、今後は実際の宇宙輸送系を開発している部門と共同で進めていくという話を進めています。

回収や再利用の技術に注目が集まりますが、そればかりを研究・開発していてもロケットはできません。ロケットは地上設備からペイロードの放出までの一貫した大きなシステムです。そこにどういう技術を取り入れれば、回収・再利用を基本としたシステムができるのかを考えていく必要があります。H3に磨きをかけていくことと、次世代の回収・再利用システムの開発がシームレスにつながっていくのが一番いいと思っています。

——例えば再利用型H3といったロケットを想定しているのでしょうか。

岡田氏：H3をより高度にしながら持てる最良の技術を結び付けていく、あるいはH3を使い続けてこなれたロケットにしていったその先に、別のところで磨きつつ育まれた技術と結合して、完全回収・再利用が出てくる——自分はそんなイメージを持っています。

技術として連続していないものが、いきなりできるはずはありません。ゼロから全く新しい輸送システムを作るというのは非効率極まりないです。また、研究だけで実用に耐えられるものは作れません。今までに運用してきたシステムがあって、運用経験の蓄積があって、そこに最先端の研究が組み込まれ、システムを刷新させるというのがよい流れではないかと考えます。

――それで、ファルコン9からスターシップへとまい進するかのようなスペースXに対抗できますか。

岡田氏：スペースXのファルコン9の利点は、自社サービスのスターリンク用に、自社製品であるスターリンク衛星を、自社製ロケットのファルコン9で打ち上げる点です。それらを一貫して、最後に利益が出れば会社としては維持・発展できるという仕組みを作ったのは、本当にすごいと思います。

これを日本で実現するとしたら、JAXAや三菱重工業にとどまる話ではありません。日本という国家が全体として、宇宙利用をどう支えていくのかを考えねばなりません。

例えばの話ですが、宇宙輸送系の開発・運用でも衛星系のベンチャー企業と連携していくような方向性を考えるべきなのかもしれません。そうすることで日本全体の宇宙産業を底上げできる気はしています。

とにかく宇宙輸送系の開発・運用は、技術開発だけでは進みません。今後の宇宙利用を幅広く見渡して、その中で日本のロケットがどのように使われるのか、どのように日本の土壌にフィットさせるのか、色々な課題を考えるべきでしょう。

Part 4

進化する海外の競合ロケット

Rocket Survival 2030

H3は商業打ち上げ市場で、どのようなライバルと競うことになるのか。以下、H3のライバルとなる打ち上げロケットを紹介し、分析していく。

ロケットの標準を変革した「ファルコン9」

H3ロケットの商業打ち上げビジネスにとって最大のライバルと言っていいのが、スペースXの「ファルコン9」ロケットだ(図1)。同時に、「第1段再利用による桁違いの打ち上げ頻度を実現したロケット」として、全く別カテゴリーのロケットとも考えられる。ビジネス面では確かにライバルだが、ファルコン9のビジネス展開は文字通り従来のビジネスモデルと隔絶しており、「H3と比較することは無意味」という言い方すらできる。

ファルコン9はロケットの第1段を回収・再利用することで高頻度の打ち上げを実現している(図2)。この回収・再利用型は、今の世界のロケット技術開発において大きな潮流となっている。

スペースXは、H3が想定したビジネスモデルとは異なる新ビジネスモデルを作り上げ、世界の宇宙産業に1つの潮流を生み出したのだ。H3を基幹ロケットとする日本の宇宙産業は、この「回収・再利用」という流れに乗るべきか否か、選択を迫られている。

図1 ファルコン9ロケット

2024年のファルコン9の打ち上げ回数は100回を超えると予想されている。（写真：SpaceX）

図2 射点近くの着陸場に逆噴射で着陸するファルコン9の第1段

（写真：SpaceX）

既に海外企業では、回収・再利用型に移行する動きが活発だ。後述するが、アメリカではBlue Origin（ブルーオリジン）が2024年中に、第1段を回収・再利用するロケットとして「ニューグレン」の初号機を打ち上げる予定だ。欧州Arianespace（アリアンスペース）は大型ロケット「アリアン6」の後継機として、第1段を回収・再利用するロケットの開発を検討している。中国でも、第1段回収・再利用の構想が複数動いている。

当初は「使い捨て」だった

ファルコン9は、初号機を打ち上げた2010年の時点では、H3と同じく第1段を使い捨てるタイプだった。しかし、その時点で既に第1段の再利用を想定した設計になっていた。

既に300回以上、第1段を回収・再利用しているスペースXの「ファルコン9」は、第1段の「マーリン」エンジンの推進剤としてケロシン・LOXという炭化水素系を使っている。これはH3のLE-9が採用しているLH2・LOXと異なり、大推力を発生しやすい。

この特徴を生かしてファルコン9は、極端に言えば「第1段は上方向に上るだけ、地球周回軌道に入るために必要な横方向の加速は第2段で行う」という設計を採用している。[*1] ケロシン・LOXの特徴を生かして、第1段と第2段でかなり明確な役割分担をしているのだ。

そのためLH2・LOXを推進剤に使うエンジンよりも、相対的に射点から近く第1段を分離し、地上に降ろせる。第1段を射点に近い場所で回収して、射点まで戻すコストを低減できる。

＊1　衛星を軌道に投入するのに必要なのは垂直方向の速度ではなく水平方向の速度。

回収・再利用を可能にしたマーリン1エンジン

ファルコン9の第1段が回収・再利用可能になった理由は、マーリン1エンジンの設計と、機体の仕様との両方にある。ピントル型インジェクター(噴射器)と、第1段にエンジン9基という構成が、ファルコン9の逆噴射による着陸回収・再利用を可能にしたのだ(図3)。

ファルコン9の最終版「ブロック5」を例に、ファルコン9の設計を見ていこう。

ブロック5は直径3・7m、全高69・8m。推進剤として第1段、第2段共に、ケロシン・液体酸素を使う2段式ロケットだ。第1段は、マーリン1Dエンジンを9基装着し、第2段は同じマーリン1Dエンジンに真空の宇宙空間で使うための大型ノズルを装着したマーリン1Dバキュームを1基使用している。

打ち上げ時にペイロードを保護する衛星フェアリングは直径5・2mとロケット本体よりも大きいハンマーヘッド型。この5・2mという数値は、アメリカのスペースシャトルのカーゴベイ(胴体中央部にある貨物室)に合わせたものだ。

スペースX以前に世界の商業打ち上げをリードしていたアリアンスペースの「アリアン5」ロケットがスペースシャトルに合わせてこのフェアリング直径を採用し、世界の衛星メーカー各社が、アリアン5での打ち上げを前提に衛星を製造した結果、世界的にこのサイズのフェアリングが一般的になったという経緯がある。日本はH-IIロケット(本体直径4m)から、直径5・2m

図3　ファルコン9とファルコンヘビーに使用されているマーリン1Dエンジン

（写真：SpaceX）

のハンマーヘッド型フェアリングを採用し、H3ロケットでは、ロケット本体とフェアリング直径の両方が5・2mとなった。

マーリン1エンジンでは、エンジン燃焼室に推進剤を吹き込み、混合するインジェクターに、ピントルインジェクターという形式を採用した。これはエンジン推力軸方向に、円筒状に噴射する燃料と、それとは直角に放射状に広がる形で噴射する酸化剤とを衝突させて推進剤を混合するもの。構造が簡単な上に燃焼効率が高く、さらに流量を変化させることで推力の調節(スロットリング)が容易という特徴を持つ。このピントルインジェクターによって、地表に戻るため逆噴射する際に推力を細かく調整できるようになった。

ピントル型インジェクターは、もともとはアポロ計画の有人月着陸船の月着陸用エンジンのために、1960年代に自動車部品メーカーの米TRWが開発した技術だ。月着陸船は、着陸の最終段階で細かく推力を調整する必要があるために、TRWがそのためのエンジン要素技術として開発した。その後、同社の特許となり、そのまま使われずに失効していたものを、同社からスペースXに移籍したロケットエンジン技術者であるトム・ミュラー氏らが復活・利用したわけだ。

回収・再利用を可能にしたもう1つの理由が、第1段と第2段に同じエンジンを使用する機体の構成だ。

ファルコン9のような2段式ロケットの場合、限られた推進剤の量で打ち上げ能力を最大にすると、第1段と第2段の規模はだいたい10:1になる。すると同一のエンジンを1段に10基、2段に1基というのが最適配分だ。

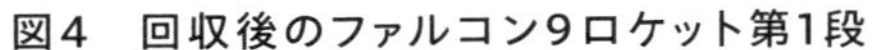
図4　回収後のファルコン9ロケット第1段

（写真：SpaceX）

加えて、第1段エンジンのどれが不慮のトラブルで停止しても反対側のエンジンも停止して、ロケットが姿勢を崩さないようにできるというエンジン装着位置の条件を考慮すると、第1段にエンジン9基が最適になる（図4）。

ファルコン9以前のロケットは、なるべくロケットエンジンの推力を大きくし、装着基数を減らす設計を採用していた。ロケットエンジンの装着基数が増えると、「1」個々のロケットの噴射が干渉して不測の事態を起こす可能性がある、「2」エンジン数が多い分だけ故障の確率が上がる――という理由からだ。

この場合、必然的に第1段と第2段は別設計のエンジンを装備することになり、ロケット開発に当たっては2種類のエンジンの開発が必須となる。

一方、ファルコン9の方式なら必要なエンジンは1種類のみ。それも1機のロケットに10基のエンジンを必要とするので、量産効果によってエンジン単価を下げることも可能になる。

ロケットは推進剤満載で離昇するが、第1段、第2段分離の時点で第1段は推進剤の大部分を使ってしまっており、大変軽くなっている。従って逆噴射によって着陸するには、ロケットエンジンの推力を大幅に絞る必要がある（図5）。

第1段に9基のエンジンを使用していれば、8基を停止し1基を噴射するだけで推力を9分の1に絞ることができる。また、大推力が必要な場合は3基を噴射することもできる。

さらにマーリン1エンジンは、ピントル型インジェクターを採用しているので、エンジン単体としても推力をきめ細かく調節できる。これによって着陸直前の落下速度をきめ細かく調節し、着陸の衝撃を緩和できる。つまり設計当初から、ファルコン9は第1段回収・再利用に向いた形式を採用していたのである。

開発済みだったエンジンを流用

ファルコン9は2005年から開発が始まり、2010年に初号機が打ち上げられた。5年間という、このクラスのロケットとしては比較的短期間で開発されたのは、エンジンとして同社の

図5　横置きにされたファルコン9

ファルコン9は、横置きで整備し、組み立て、射点で立てる整備方式を採用している。縦の高層整備施設が不要になる利点がある。射点で打ち上げ直前に液体推進剤を充填するまで、空の機体が軽量で横置きしても潰れないから実現できることだ。固体ロケットブースターを装備するH3、アリアン6、ヴァルカンは、横置き方式での組み立てができない。固体ロケットブースターは工場で推進剤を充填してから整備施設に搬入する。このため組み立て時には既に推進剤で重くなっており、立てた状態で機体を組み立てないと、機体が潰れてしまう。（写真：SpaceX）

前作である「ファルコン1」で開発済みだった「マーリン1」エンジンを流用できたことが大きい。

2010年に打ち上げられた初号機は、「v1.0」と呼ばれており、地球低軌道に9トンの打ち上げ能力があった。H-IIA（低軌道に10トン）よりやや小さい規模だ。この段階ではまだ第1段は回収せず、使い捨てである。

その後スペースXは、ファルコン9の

改良を急速に進めていった。2013年、6回目の打ち上げからは最初の改良型「ファルコン9 v1・1」が使用されるようになった。マーリンエンジンが改良されて推力が大きくなり、それに応じて推進剤タンクが延長されて推進剤搭載量が増え、打ち上げ能力は低軌道に13・1トンに増強された。このv1・1から、後述する分離後の第1段を使用した、逆噴射による第1段回収に向けた技術試験が始まった。

次のバージョン「ファルコン9フルスラスト」は2015年12月のファルコン9としては20回目の打ち上げから運用が始まった。第1段は着陸脚と誘導用グリッドフィンを装備した完全な再利用仕様となった。また、第2段を延長して搭載推進剤を増やし、かつ冷却して密度を高めた推進剤を使用するようになった。これにより、打ち上げ能力は第1段を使い捨てにした場合で、地球低軌道に22・8トンにまで増強された。

打ち上げ時に切り離された第1段は、まず進行方向にエンジンを向けて3基のエンジンを噴射して速度を落とす。空気による姿勢制御が効く高度まで落ちてきたところでフィンを展開して姿勢を制御。最後は1基のエンジンを噴射して落下速度を落とし、着陸脚を開いてゆっくりと着地する。着地場所は、ロケットを打ち上げる射点近く（戻ってくるのでフライバックという）、ないしは洋上に出した専用の洋上プラットホーム（飛んでいった先に降りるのでフライフォワードという）だ。

戻ってくる場合は使い捨てにする場合と比べて、スラスター（小型エンジン）や空力フィン、着陸脚などの余分な装備と逆噴射のための推進剤が必要になるので、打ち上げ能力はそれだけ下がる。

次のファルコン9「ブロック4」は小改良にとどまったが、2018年5月からは、最終版のファルコン9「ブロック5」の運用が始まった。マーリン1エンジンがさらに強化されて推力が増加し、着陸脚が改良された。本格的な再利用を前提に大規模メンテナンスなしに連続10回の打ち上げに使用でき、メンテナンスすれば最大100回の再利用が可能なように、各部が改修されている。

ブロック5の公称打ち上げ能力は、第1段を使い捨てにした場合で、地球低軌道に22・8トン以下(打ち上げコンフィギュレーションによる)、第1段を沖合いに展開した洋上プラットホームに着陸させて回収する場合には17・4トン以下となっている。最初のバージョンv1・0の2倍超だ。

第1段を回収する場合でも、日本が宇宙ステーション補給機「こうのとり」を打ち上げるのに使用していたH-IIBロケットの低軌道16・5トンという打ち上げ能力を超える。8年をかけて同社は、ファルコン9を、能力2倍超、第1段回収再利用可能にまで進化させたわけだ。

スペースXは、ブロック5で、ファルコン9の改良を終了し、次世代機「スターシップ」の開発に移行した。

「ウォーターフォール型」から「アジャイル型」へ

逆噴射による第1段再回収と再利用で世界を驚かせたファルコン9だが、それ以上に注目すべきは、スペースXの技術開発の在り方だ。

宇宙分野での技術開発の標準は、アメリカが１９６０年代から70年代にかけて実施したアポロ計画で確立した。

その基本は、徹底した書類化と、安全性及び信頼性の確保にある。設計は要求仕様からトップダウンで決定する。「ウォーターフォール型」の技術開発と言われるものだ。作業の全ては緻密に書類化し、事故が起きた場合は書類を追跡するだけで事故原因を突き止められるようにする。安全性と信頼性を確保するため、可能な限り保守的に設計。一度確立し、実際の運用で安全性と信頼性が確認できた部分の設計変更は極力避けて、同じ設計のまま使い続ける。

ところが、スペースXは宇宙技術の開発現場に、１９８０年代以降ソフトウエアベンチャーが採用するようになった「アジャイル型」という技術開発手法を持ち込んだ。

アジャイル型技術開発では、手早く簡潔なプロトタイプを作成し、実際に動かして、積極的にトラブルを発生させる。発生したトラブルにも素早い設計変更で対応し、また実際に動かす。少しでも製品が良くなる可能性があれば、素早く改良して試す。だめならまた別の方法を試す。これを繰り返していく。

この手法が、ファルコン9第1段の回収再利用技術の開発で大きな威力を発揮した。

スペースXのファルコン9第1段再利用に向けての試みは、まず簡素な実験機「グラスホッパー」から始まった。2012年9月に技術試験機「グラスホッパー」を使った、離着陸試験をテキサス州マクレガーの同社試験施設で開始。次いで2番目の試験機としてファルコン9の第1段とサイズを合わせた「F9R-Dev」を開発し、2014年4月から8月にかけて5回の飛行試験を実施して、高度1000mまで到達した。

F9R-Devは2014年8月22日の試験で、空中爆発を起こして機体は失われた。これまでの技術開発ならば原因究明と再発防止策を策定・実施することになるが、スペースXは次の試験に注力した。実際の打ち上げで、分離・投棄されるファルコン9の第1段を使った試験だ。第1段を姿勢制御用のスラスターと展開型空力フィン、4本の着陸脚を装備した垂直着陸可能な仕様に改修し、逆噴射着陸に向けて一歩ずつ試験を進めていった。

実際の打ち上げで分離した後の第1段を技術開発試験に使うのは、これまでの宇宙開発では考えられない蛮行だった。スペースX以前の宇宙開発では、成功率を上げるために「一度確立した技術は極力変えずにそのまま利用する」という流れを踏襲していた。実際に打ち上げに使う第1段に、回収実験用の制御装置を追加したり着陸用の脚を装備したりするスペースXのやり方は、第1段を改造することになるので、打ち上げそのものの成功率を下げることになり、言語道断だったわけだ。

しかし逆に考えるならば、分離後の第1段は、海に落下して投棄するだけだ。その第1段を使って回収実験を行うのは、大変に合理的である。2014年の時点でスペースXは、ファルコン9を年に何回も打ち上げるようになっていたので、分離後の1段を利用することで、短期間に試験を何回も繰り返して機器の改良を進められるようになる。アジャイル型開発にとって理想的な実験環境だ。

最初の試験は2014年4月18日に打ち上げたファルコン9の9号機で実施した。分離した第1段は、うまく速度を落として海上に軟着水したが、予定されていた機体の回収は失敗。以後、スペースXは失敗を繰り返しつつ、着実に逆噴射による着陸に近づいていった。

2015年12月21日、ケープ・カナヴェラル宇宙軍施設からのファルコン9の20回目の打ち上げで、スペースXは分離後の第1段を射点近くの着陸場に戻す試みに挑戦。着陸は成功した。2016年4月8日には23回目の打ち上げで、海上プラットホームでの第1段回収に成功。以後スペースXは、第1段を何度も回収して再利用する体制へ移行した。

スターリンクで「自分の需要を自分で作る」

実際問題として、第1段を回収・再利用しても、打ち上げコストは期待したほど低下しない。回収・再利用にもコストはかかる。結果、再利用によるコスト低下分を回収・再利用のためのコストがかなり相殺してしまう。

むしろ第1段再利用の利点は、生産設備の第1段製造速度を超える打ち上げペースを維持できる点にある。ただし、その利点を生かすためには、それだけの大きな打ち上げ需要が存在しなくてはいけない。

スペースXは、打ち上げ需要を自分で生み出すことを選んだ。それが「スターリンク」だ。

スターリンクは、初期段階で衛星4000機超、将来的には1万2000機以上の衛星で構成される通信衛星コンステレーションを構築するプロジェクト。スペースXはこの計画を立ち上げ、2019年からファルコン9を使ったスターリンク衛星の打ち上げを開始した。

初期には1回で60機のスターリンク衛星を打ち上げていたが、その後、衛星の大型化・高機能化に伴い同時打ち上げ機数は減少。2024年時点では「V2 mini」という第2世代衛星を同時に23機ずつ打ち上げている。

2023年には、ファルコン9を91回打ち上げたが、そのうち63回がスターリンク衛星の打ち上げだ。打ち上げのうち3分の2は自社で作った打ち上げ需要なのだ。2024年も同様のペースが続いている。

このような「自分で自分の需要を作る」手法は、スターリンクのビジネスが失敗すれば倒産の危機に直面するリスクを負う。しかし、スターリンクのビジネスは成功。スペースXは賭けに勝った。自社で通信衛星コンステレーションという、地上の経済とリンクした巨大な打ち上げ需要を作り、ロケット第1段再利用のメリットを最大限に引き出したわけだ。

巨大な打ち上げ能力を自在に生かす「ファルコンヘビー」

スペースXが次に取り組んだのは、世界最大(当時)の大型ロケットだ。2018年から、ファルコン9の派生型「ファルコンヘビー」の運用を開始した(図6)。第1段の横に、ほぼ第1段と同じ液体ブースターを2基装備した大型ロケット。

全部を使い捨てにした場合に地球低軌道へ63・8トンの人工衛星などのペイロードを投入できる打ち上げ能力は、開発開始の発表があった2011年には過剰という印象だった。当時、そこまで重いペイロードは存在しなかったし、計画もなかったからだ。また、その能力に対して、衛星フェアリングの容積が少なすぎるように思われた。

しかし、蓋を開けて運用が始まると、ファルコンヘビーの巨大な打ち上げ能力は、単に「それだけの重いペイロードを打ち上げる」ためにあるのではないと判明した。「今までならできなかった新しい利用法」のために使われたのだ。例えば、ブースターや第1段を回収再利用しつつも、20トン超のアメリカの安全保障用途衛星(主に偵察衛星と推定される)を打ち上げた。静止衛星を直接静止軌道に投入し、太陽系探査機を短時間で目的地に到達する軌道に投入するのに使われた。

この「巨大だからできる新しい利用法」は、H3ロケットにとってビジネス上の脅威だ。例えば、

図6　ファルコンヘビーの打ち上げ

（写真：SpaceX）

衛星を直接静止軌道に投入できれば、その分、長期間静止位置を制御できるようになり、衛星の寿命が延びる。衛星寿命が延びれば、それだけ衛星の採算性が良くなる。ファルコン・ヘビーはこのような打ち上げが可能だ。一方、H3は現状ではこの打ち上げ方はできない。後述するが、その脅威はさらに巨大な「スターシップ」に引き継がれていく。

エンジンは「ファルコン9」と同じ

ファルコンヘビーの第1段は9基のマーリン1エンジンを装備している。ファルコンヘビー打ち上げ時は27基のマーリン1エンジンを同時に噴射して飛ぶ。打ち上げ能力は、すべて使い捨てにした場合に地球低軌道に63・8トン。現役では、世界最大のロケットだ。

ブースターと第1段の両方を回収、再利用したり、ブースターのみ回収したり、第1段は使い捨てたりするなど、打ち上げる衛星の重さに合わせて様々な運用が可能だ。この巨大な打ち上げ能力を生かしてファルコンヘビーは、[1]静止衛星をロケット側の推進系のみでほぼ静止軌道まで直接打ち上げる[2]高い最終到達速度が必要となる太陽系探査機を打ち上げる——といった使われ方もされている。

前者は、静止衛星のパフォーマンスを大きく向上させるものだ。これまでロケット側は、遠地点高度が静止軌道付近にある長楕円軌道の静止トランスファー軌道までの打ち上げを担い、静止トランスファー軌道から静止軌道への遷移は衛星側推進系が行うものだった。

静止軌道にある衛星は、軌道位置を維持するために搭載推進系を使用する。推進系の推進剤が枯渇した時が、衛星の寿命となる。ロケット側で衛星を直接静止軌道近くまで打ち上げられれば、衛星側は静止トランスファー軌道から静止軌道に乗り移るための推進剤を軌道位置維持に使用できるようになるので、それだけ衛星の寿命が延びる。あるいはファルコンヘビーによる打ち上げを前提にすれば、搭載推進剤の量を減らしてその分トランスポンダー[*2]などのミッション機器を余分に搭載することが可能になる。

後者は、地球や金星などのスイングバイ[*3]で稼ぐ必要のある増測量をロケット側が担うことで、目的地到着までの時間を短縮できるようになる。

＊2 トランスポンダー：受信した電気信号を中継送信したり、電気信号と光信号を相互に変換したり、受信信号に何らかの応答を返す機器。

＊3 スイングバイ：限られた推進剤で移動しなければならない惑星探査機が、惑星の重力を活用して加速し、より少ない推進剤で目的地に到達する手法。

ファルコンヘビーの運用実績から、スペースXのロケット開発におけるもう1つのポリシーを読み取れる。それは「需要があるからといって、需要ぎりぎりの打ち上げ能力を持つロケットではなく、常に打ち上げ能力に余裕がある大きめのロケットを開発する」ということだ。

2024年10月現在までに、11回の打ち上げを実施しており、うち4回はアメリカの安全保障関連の打ち上げだ。先述した通り、アメリカは重量20トン超と大型の安全保障関連衛星を運用している。これまでは、米ユナイテッド・ローンチ・アライアンス社(ULA)の「デルタ4」ロケットが打ち上げを担ってきたが、同ロケットは2024年4月に最終号機を打ち上げて運用を終了。先述した通り、今後は、ファルコンヘビーが打ち上げを担う。逆にスペースXからすれば、ファルコンヘビーは、20トン超の安全保障関連衛星という安定した官需を受注するための切り札となっているわけだ。

完全再利用の超巨大打ち上げ機「スターシップ」

現在、スペースXが開発しているのは、ファルコンベビーを上回る超大型打ち上げ機「スターシップ」だ(図7)。スターシップも、ファルコンヘビーが示す「常に打ち上げ能力に余裕を持たせて、今までできなかった新しいことを実行する」という方法論から、そのビジネス展開を読み解

図7　スターシップ

スターシップは、テキサス州ボカチカの製造・打ち上げ施設「スターベース」で開発されて、試験打ち上げを重ねている。(写真：SpaceX)

く必要がある。

例えば[1]大型の有人宇宙ステーションを国際宇宙ステーション(ISS)のように、軌道上で組み立てるのではなく、完成した宇宙ステーションを1回で打ち上げる[2]強力な上段ロケット込みで探査機を打ち上げ、今までは考えられなかった短時間で、土星以遠の惑星に到着する――といった使い方が考えられる。

ただでさえこの巨大さに対抗するのは、H

3ロケットには難しい。加えてスターシップは回収・再利用ができる強みを持っている。その意味で、H3は、スターシップのライバルにすらなっていない。これは後述するアリアン6やヴァルカンも同様だ。

こう考えるに足る、スターシップの「巨大さ」を整理してみる。

「サターンV」を超える史上最大の打ち上げ機

スターシップは、直径9m、全高121m。2段式で、第1段「スーパーヘビー」、第2段「スターシップ」(機体全体も第2段と同名の「スターシップ」)共に回収・再利用する2段式の打ち上げ機だ。これだけ巨大だと輸送も大変になるため、スペースXはテキサス州ボカチカに建設したスターシップ専用打ち上げ基地「スターベース」で、スターシップも製造している。機体製造から打ち上げまでを一貫して同じ場所で行っているわけだ。

機体は通常の液体ロケットのようなアルミ系合金ではなく、ステンレスで作られている。ステンレスはアルミ軽合金よりも比重が大きいが、スターシップのような巨大な打ち上げ機になると、「物体の表面積は寸法の二乗に、体積は三乗に比例する」という二乗三乗則が効いてきて、重量増加によるデメリットが目立たなくなる。むしろステンレスが低価格であることや、地上のプラント設備で使われているため、スターシップ建造にプラント建設の実績を持つ熟練の作業者を多数雇用できるという利点がクローズアップされる。

図8　今後のスターシップの機体構成

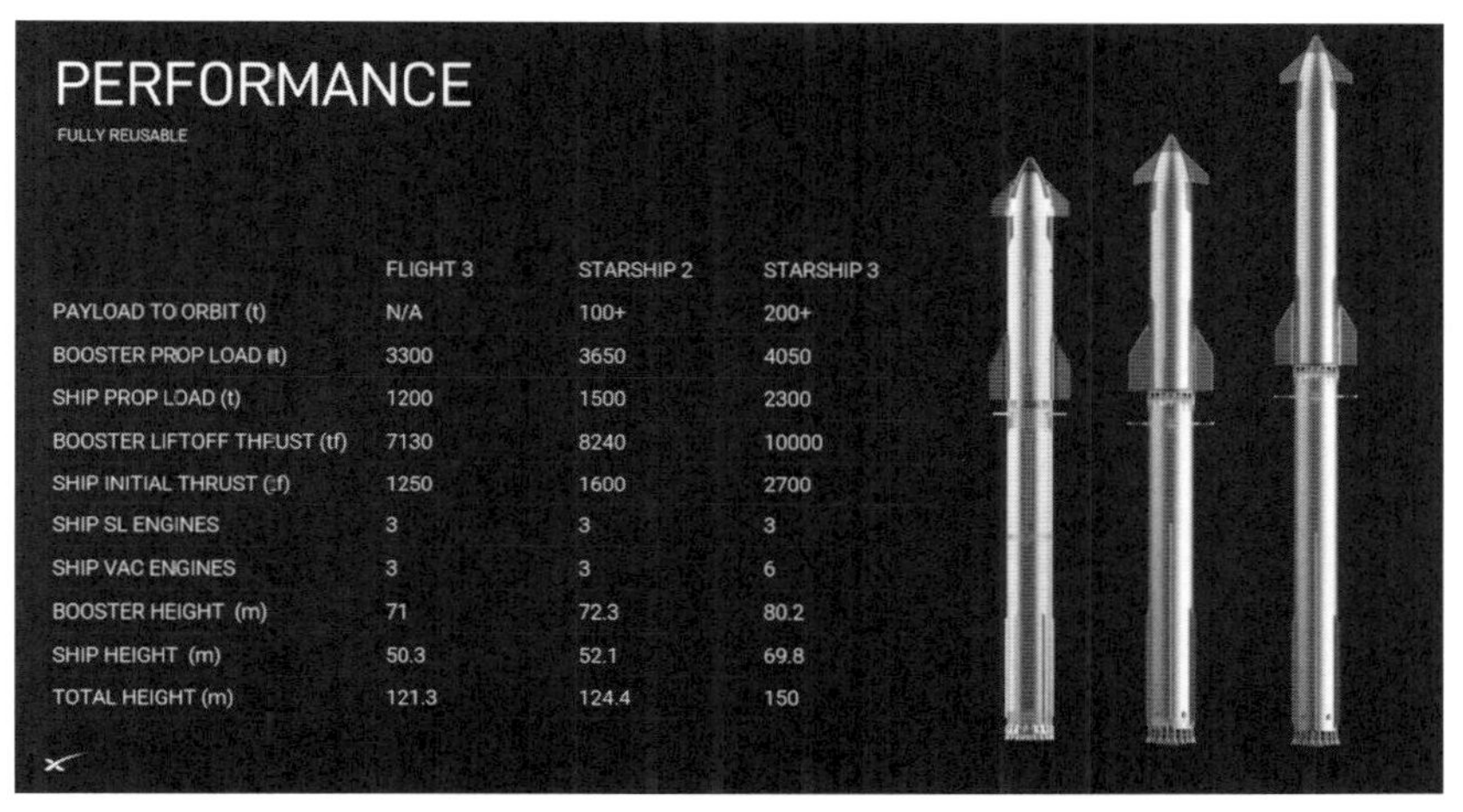

PERFORMANCE

FULLY REUSABLE

	FLIGHT 3	STARSHIP 2	STARSHIP 3
PAYLOAD TO ORBIT (t)	N/A	100+	200+
BOOSTER PROP LOAD (t)	3300	3650	4050
SHIP PROP LOAD (t)	1200	1500	2300
BOOSTER LIFTOFF THRUST (tf)	7130	8240	10000
SHIP INITIAL THRUST (tf)	1250	1600	2700
SHIP SL ENGINES	3	3	3
SHIP VAC ENGINES	3	3	6
BOOSTER HEIGHT (m)	71	72.3	80.2
SHIP HEIGHT (m)	50.3	52.1	69.8
TOTAL HEIGHT (m)	121.3	124.4	150

左から試験3号機。最初の実用機スターシップ2、将来型のスターシップ3。（写真：SpaceX）

開発は2018年から始まり、2024年10月時点で5回の試験打ち上げを行った実績がある。スペースXの開発の常としてアジャイル型で段階的に開発しており、現在試験飛行を行っているのは「スターシップ試験機」、最初の実用機は「スターシップ2」と呼ぶことになっている。

さらにその次にはエンジンを強化し、搭載推進剤を増やして打ち上げ能力を向上させた「スターシップ3」へと進むというロードマップが公表されている（図8）。打ち上げ能力は「スターシップ2」が地球低軌道に100トン、「スターシップ3」が同200トンと公表されている。スターシップ3の能力は、アポロ計画のために開発された有人月ロケット「サターンV」を超え、人類史上最大の打ち上げ機となる。

図9　ラプター3エンジン

背後にあるラプター2エンジンと比較すると、驚くほど配管が整理されて設計が簡素化していることが分かる。(写真:SpaceX)

エンジンは、スターシップのために開発した「ラプター」だ。ラプターもまた、アジャイル型で段階的に開発しており、2024年10月時点でスターシップ試験機に使われているのは、最初の改良型の「ラプター2」だ。既に次の改良型の「ラプター3」も燃焼試験を実施している(図9)。

推進剤はメタン・液体酸素の組み合わせを使用している。エンジンサイクルは、高性能が狙える究極のエンジンサイクルというべき、「フルフロー2段燃焼サイクル」を採用。現行の「ラプター2」は性能指標の1つである燃焼室圧力は3

00気圧と超高圧だ。ちなみにH3のLE-9エンジンは、燃焼室圧力が100気圧である。推力は230トンf。次期バージョンのラプター3は、推力が280トンfまで増強される。

現行のスターシップ試験機は、第1段スーパーヘビーに、ラプターを31基、第2段スターシップに6基装備している。スターシップ3では、同35基、9基に増強を予定している。

スターシップは、スターベースの専用射点から打ち上げる。第2段を切り離した後、第1段スーパーヘビーはグリッドフィンで軌道を修正しつつ落下し、スターベースに戻ってくる。ただし、ファルコン9の第1段とは異なり、スーパーヘビーは着陸脚を装着していない。逆噴射で落下速度を落としたスーパーヘビーは、射点横の専用タワーの脇でホバリング状態に入り、そこをアームでキャッチされて地表に帰還する。着陸脚を省略してスーパーヘビーを軽量化し、その分ペイロードを増やすという設計だ。

第2段スターシップは、機体の前後に各2枚、合計4枚の「フラップ」と呼ばれる姿勢制御用補助翼を持つ。軌道上でもミッションを終えたスターシップは大気圏に再突入。フラップで姿勢を保ちつつ地表近くまでほぼ水平の姿勢で落下し、最後にエンジンを点火すると同時に、姿勢を水平から垂直に立てる動作(「フリップマニューバー」という)を行って、逆噴射で着陸する。

5回の飛行試験で完成度を向上

これまでスターシップは、5回の飛行試験で徐々に完成度を上げてきた。

2023年4月30日、最初の打ち上げを実施した。打ち上げ時の噴射によって射点設備が激しく損傷。機体は打ち上げから約2分後に姿勢を崩して第2段の分離が不可能になり、打ち上げ後4分で機体は地上からの指令で破壊された。

5カ月後の2023年11月18日の2回目の試験では、第1段スーパーヘビーは第2段の分離まで完全に動作した。分離後、姿勢を制御して逆噴射しつつメキシコ湾に着水する予定だったのだが、途中で爆発して喪失。第2段は途中まで完璧に動作したが、エンジン燃焼が不調に陥り、飛行継続は不可能と判断した搭載コンピューターが自律的に機体を破壊した。

第3回の試験は、2回目から4カ月後の2024年3月14日に実施した。この時は完全に打ち上げに成功し、第2段は地球周回軌道に乗った。第1段はメキシコ湾への軟着水直前に爆発した。第2段は軌道上で、ペイロードドアの開閉試験及び推進剤のタンク間移送試験を実施。しかし大気圏再突入時の姿勢制御に失敗、そのまま大気圏に突っ込んで破壊した。

4回目の飛行試験は、2024年6月6日に実施した。第1段スーパーヘビーはメキシコ湾への軟着水に成功。第2段スターシップも姿勢を崩すことなく大気圏に再突入、4枚の姿勢制御フラップのうち前方の1枚が激しく損傷したが、姿勢を制御してのインド洋への軟着水に成功した。

2024年10月13日の5回目の試験では、分離後の第1段スーパーヘビーを、逆噴射で減速しつつ、射点近くの機体キャッチ機構（通称Mechazilla：メカジラ）まで誘導制御。最終的にメカジラでキャッチして回収に成功した（図10、11）。第2段スターシップは大きく機体を損傷することな

図10　スターシップ5回目の試験打ち上げ

2024年10月13日。（写真：SpaceX）

図11　5回目の試験打ち上げ

5回目の試験打ち上げで、第1段スーパーヘビーを、メカジラで回収することに成功した。（写真：SpaceX）

く大気圏再突入を実施し、最後のフリップマニューバーを成功させてインド洋に着水している。

「今までできなかったこと」が可能になる

スペースXのCEOであるイーロン・マスク氏は、最終目標としている火星への植民の道具としてスターシップを開発している。しかし、それとは別にビジネスとして、現状でスターシップは2つの「あて」を確保している。

1つは自社のスターリンク衛星の打ち上げだ。スターリンクの次世代衛星「V2」はスターシップによる打ち上げを前提として設計されている。ただしスターシップ開発が遅れていることから、同社はV2衛星の機能を一部先取りしつつファルコン9でも打ち上げられる「V2 mini」衛星を急きょ開発し、打ち上げている状態だ。

もう1つがアメリカ主導の国際協力による有人月探査計画「アルテミス」だ。アルテミス計画において第2段スターシップは有人月着陸機に選定され、そのための専用バージョンである「スターシップHLS」が開発されている。現状で既にスターシップは、自社を含めて2つの大口顧客を抱えているわけだ。

加えて2022年8月には、日本の衛星通信会社「スカパーJSAT」が、同社の通信衛星「Superbird-9」をスターシップで打ち上げるべくスペースXと契約したと発表した。しかし、同契約は「2024年中」となっており、現状のスターシップの開発状況では実現は難しいと考えられる。恐らくファルコン9かファルコンヘビーに振り替えとなるのではなかろうか。

H3のお手本「アリアン6」

欧州アリアングループ(Arianegroup)と欧州宇宙機関(ＥＳＡ)が開発し、その子会社アリアンスペース(Arianespace)が打ち上げ、運用する「アリアン６」は、Ｈ３にとってお手本とも言えるロケットだ(図12)。アリアンスペースとＨ３を開発・製造している三菱重工業は２００７年に共同で衛星打ち上げ輸送サービスを提案するなど、ライバルではあるものの補完し合う関係にあると言って良い。

転機はスペースシャトル爆発事故

欧州は１９８０年代後半以降、世界の商業打ち上げビジネスをリードしてきた。ところが２０１０年代に入ってからのスペースＸの、急速な伸長により相対的に存在感が薄くなってしまった。

そもそもの始まりは、１９７５年のＥＳＡ設立と同時に開発が始まった衛星打ち上げロケッ

図12　アリアン6初号機の打ち上げ

2024年7月9日。（写真：ESA）

ト「アリアン1」に遡る。

アリアン1は、欧州が自律的に衛星を開発し、打ち上げることを可能にするための欧州製ロケットとして開発が始まった。その目的を達成するために、アリアン1は徹底して保守的な設計を採用した。

機体構造の軽量化が必要な2段式ではなく3段式。第1段と第2段に使用する「ヴァイキング」エンジンは、1960年代にフランスが開発したもの。その技術的ルーツは、第二次世界大戦中にナチス・ドイツがミサイル用に開発したロケットエンジンまで遡る。新規開発要素は、第3段に使う液体酸素・液体水素エンジンの「HM-7」のみだ。

「アリアン1」は1979年12月に初号機の打ち上げに成功。その後、基本設計はそのままで、規模を拡大して打ち上げ能力を増強した「アリアン2」「同3」「同4」と開発を進めていった。

1986年1月に発生したスペースシャトル「チャレンジャー」の爆発事故が、欧州アリアンロケットにとって、決定的な追い風となった。当時、アメリカは「次世代の再利用型宇宙輸送システム」としてシャトルの利用拡大を進めており、それまで使用していた「デルタ」「アトラス」「タイタン」の各ロケットの生産ラインを閉じようとしていた。チャレンジャーの爆発事故が発生した結果、アメリカは衛星打ち上げ手段を一時的に喪失した。

この状況と、当時の米レーガン政権が推進していた国際衛星通信の民間開放による打ち上げ需要の高まりとが重なって、アリアンロケットに商業市場の衛星が集まる時代となった。1988年に「アリアン4」ロケットの運用が始まったことも追い風となった（図13）。

衛星2機同時打ち上げでコスト低減

アリアン4は、当時主流だった打ち上げ時重量2トン、静止軌道初期重量1トン級の衛星を、2機同時に打ち上げられたのである。他方で、打ち上げコストはそれまでの「アリアン1〜3」の2倍以下だったので、衛星打ち上げコストは下がった。

チャレンジャーの爆発事故によるライバルの不在、衛星打ち上げ需要の高まり、アリアン4の2衛星同時打ち上げによる打ち上げコストの低減という3つの理由から、欧州は商業打ち上げ市場で過半のシェアを占める覇者となった。

図13　商業打ち上げ市場における欧州の躍進を決定づけたアリアン4ロケット

（写真：ESA）

図14　アリアン5ロケット

1996年から2023年まで、28年にわたって運用された。（写真：ESA）

この構図は、次の「アリアン5」ロケットになっても大きく変わることはなかった（図14）。アリアン5は、2000年代に入って大型化した打ち上げ時初期重量5トンの静止衛星2機を打ち上げる能力があり、アリアン4と同じビジネス戦略で、スペースXとファルコン9が登場する以前の打ち上げ市場でシェアを確保できたのだ。

アリアン6も、基本的なコンセプトはアリアン4とアリアン5の延長線上にある。すなわち、2衛星同時打ち上げによる、衛星1機当たりの打ち上げコストの低減だ。アリアン6は、アリアン5と比較して、40%の打ち上げコスト低減を目標としている。

開発の主体はＥＳＡと、２０１５年に米Airbus（エアバス）と仏Safran（サフラン）の合弁企業として設立されたアリアングループだ。打ち上げを担当するアリアンスペースは、アリアングループに属する企業である。

アリアン６の直径はアリアン５と同じ５・４ｍで、全高56ｍ。Ｈ３は直径５・２ｍ、ショートフェアリング装着時に全高57ｍ、ロングフェアリング装着時に全高63ｍだから、ロケットの規模としてはほぼ等しい。２段式で、１段、２段共に推進剤として液体酸素・液体水素を使用しているところも共通だ。

第１段のエンジン数は、Ｈ３が「ＬＥ-９」エンジン２基ないしは３基だが、アリアン６は「ヴァルカン２・１」が１基である。ヴァルカン２・１は、アリアン５の第１段エンジン「ヴァルカン２」を主に、低コスト化を主眼に改良したものだ。

アリアン６には、固体ロケットブースター２基を装着した「アリアン62」と同４基装着の「アリアン64」という２つの打ち上げ形態がある（図15）。ロケットを運用する欧州アリアンスペースは、アリアン62を欧州の政府ミッション、すなわち官需打ち上げ用、アリアン64を商業打ち上げ用と説明している。

打ち上げ能力は、アリアン62が静止トランスファー軌道に４・５トン。アリアン64は、11・５トンだ。

図15 アリアン62（左）とアリアン64（右）

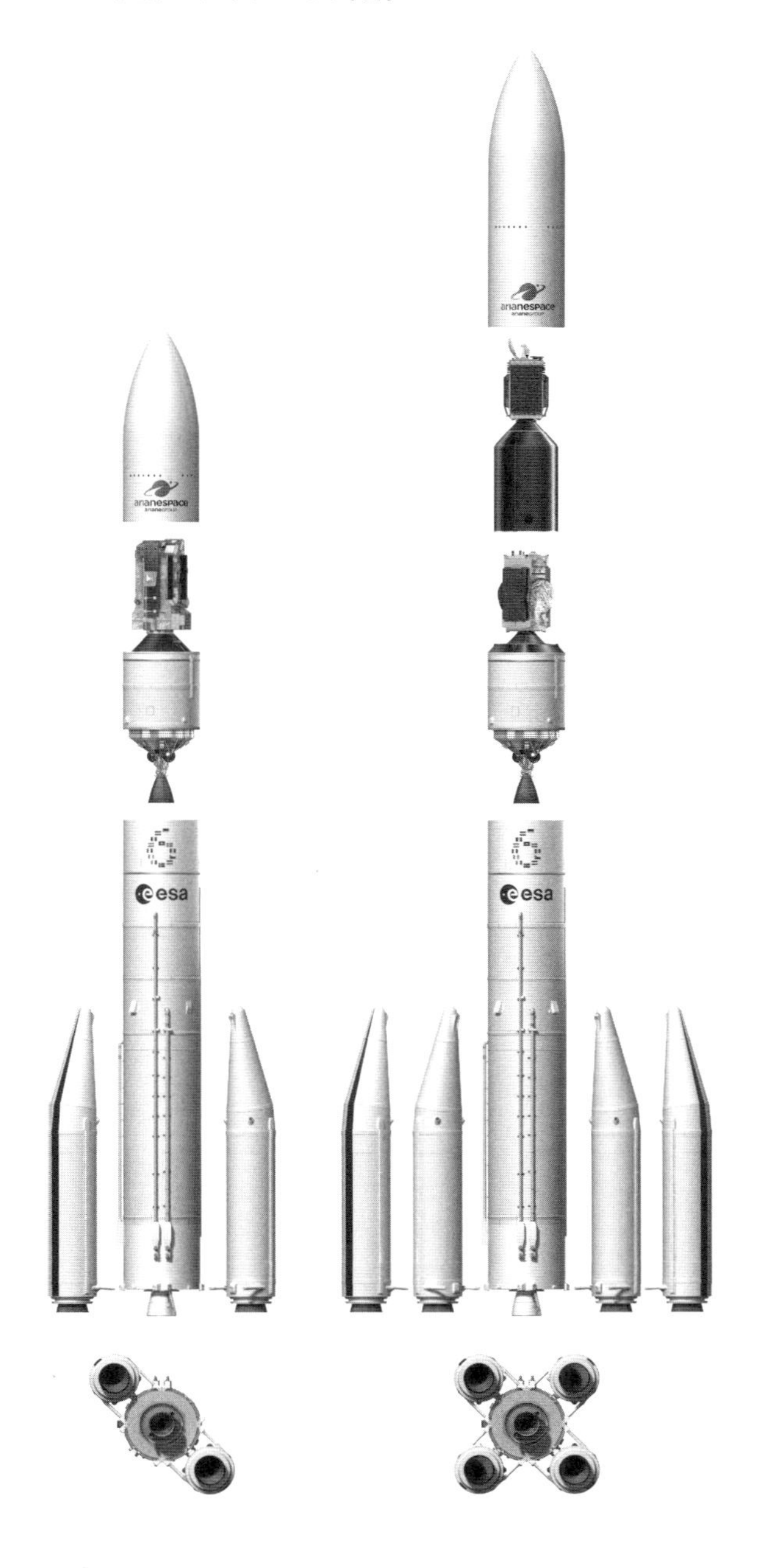

（出所：ESA）

アリアン6の打ち上げ能力はH3の2倍

H3の固体ロケットブースター4基を装着したH3-24型とアリアン64を比較すると、両者の狙いの違いが明らかになる。共に直径約5mで全高60m程度と、ロケットとしての規模は同じだ。対して打ち上げ能力は、H3-24は静止トランスファー軌道に6・5トン以上とされている。アリアン64のほうが、2倍近く能力が高い。

この差は、基本的に固体ロケットブースターの規模の差だ。H3の「SRB-3」は推進剤の量が66・8トンだが、アリアン6のブースター「P120」は、推進剤が142トンある。2倍以上の規模の固体ロケットブースターで、約2倍の打ち上げ能力を獲得しているわけだ。

なおH3の固体ロケットブースターが、もう1つの基幹ロケットであるイプシロンSの第1段を兼ねているのと同じく、アリアン6の固体ロケットブースターも、欧州のもう1つのロケット「ヴェガ」の第1段を兼ねている。固体ロケットブースターの規模の差は、そのままイプシロンSとヴェガの規模の差でもある。

アリアン6にH3の約2倍の能力がある理由は、ロケットの目的が2衛星を同時に打ち上げられる点にある。11・5トンという打ち上げ能力は、現在一般的な打ち上げ時重量5トン級の静止衛星を2機同時に打ち上げられるように決定されたのだ。対してH3は、現在最大級の打ち上げ時重量6・5トン級の静止衛星を単機で打ち上げるという観点で、6・5トン以上という打ち上げ能力を設定している。

単機打ち上げで既存の静止衛星全体をカバーしようとするH3に対して、アリアン6は64形態で最も衛星数が集中する5トン級衛星を2機同時に打ち上げることで、衛星1機当たりの打ち上げコストを下げようとしているわけだ。

アリアン6も、H3と同じく開発が難航し、初号機打ち上げは当初予定より遅れた。2015年の開発開始の段階では2020年に初号機を打ち上げる予定だったが、実際にはそこから4年遅れて2024年7月9日に初号機を打ち上げた。

打ち上げは一応成功し、搭載した複数の小型衛星を予定した軌道に投入したが、第2段をスペースデブリ発生防止のために地球に落とすための噴射に失敗。部分的な成功にとどまった。

アップグレードを重ねて次世代アリアンへ

JAXAは2024年7月に、今後10年でH3の3回のアップグレードを実施して、2030年代後半の次世代ロケットに至るという技術開発ロードマップを示した。

アリアン6も同様にアップグレードを重ねて、次世代ロケットにつなげるというロードマップが描かれている。

アリアン6のアップグレードは、基本的に固体ロケットブースターと第2段の能力増強による打ち上げ能力の向上だ。次世代バージョンの「アリアン6ブロック2」は、主に米Amazon.com

（アマゾン・ドット・コム）が計画している通信衛星コンステレーション「プロジェクトカイパー」の打ち上げに使用される予定である。

その次の「アリアン6ブロック3」は、主に国際協力による有人月探査計画「アルテミス」の打ち上げ需要を満たすためのアップグレードになる。詳細は現在、検討中だ。

それと並行して欧州は2017年から、メタンと液体酸素を推進剤として使用し、再利用可能な第1段用エンジン「プロメテウス」を開発中。2023年からはエンジン燃焼試験を実施している。

プロメテウスはまず、逆噴射による離着陸実験機「テーミス」に使用する。その後プロメテウスは、アリアングループ傘下の宇宙ベンチャーである欧州Maia Space（マイアスペース）が開発する回収・再利用型ロケット「マイア」に使用する（図16）。「マイア」は地球低軌道に3トン程度を打ち上げる能力を持つ小型のロケット。第1段を逆噴射で回収・再利用する。2026年に初打ち上げを予定している。

マイアの打ち上げには、南米仏領ギアナにあるギアナ宇宙センターの、「ソユーズ」ロケット用射点設備を使用する。同設備は、ロシア製ソユーズロケットの打ち上げ用に整備されたものだが、2022年にロシアのウクライナ侵攻が始まって以降、ソユーズの運用が不可能になり、休止している。

マイアで回収・再利用の技術と経験を蓄積しつつ、2030年代以降に回収・再利用技術を組み込んだアリアン6の次のロケットへとつなげていく構想だ。

図16 マイアロケット

(写真：Maia Space)

米オールドスペースの次世代ロケット「ヴァルカン」

アリアン6とH3はかなり共通点のあるロケットだが、アメリカの新ロケット「ヴァルカン」もまた両ロケットとよく似ている。全段使い捨ての2段式本体に固体ロケットブースターを装備し、直径は約5m。打ち上げ能力は地球低軌道に10トン台後半から20トン台半ばぐらい。設計は低コスト化を徹底して、既存ロケットに対して打ち上げコストのおおよそ半減を狙う――。これは、スペースXが登場する以前に、世界中の「次世代ロケット」が、だいたい同様の構想の下に開発された状況を示す。

その後、スペースXが第1段を回収・再利用するファルコン9を成功させたことで、市場の状況は一変した。しかし、既に開発に入っていた〝オールドスペース〟の次世代ロケットは、2024年現在になって、H3、アリアン6、ヴァルカンとして完成したわけだ。

アメリカにおけるヴァルカンの立ち位置は、日本におけるH3のそれとよく似ている。すなわち「アメリカという国が宇宙への自在なアクセスを確保するための基幹ロケット」だ。しかし、アメリカにはスペースXがあるので、ヴァルカンの立ち位置には「スペースXが失敗した場合に備えた保険」かつ「オールドスペースが、ビジネス面でスペースXの動きをけん制するための道具」

図17 ヴァルカン初号機の打ち上げ

2024年1月8日。(写真:ULA)

という役割も持つ。

スペースXが急伸する以前、2000年代までのアメリカの衛星打ち上げを一手に引き受けていたのだが、米ユナイテッド・ローンチ・アライアンス社(ULA)だった。オールドスペースの雄たる米航空宇宙産業大手のBoeing(ボーイング)とLockheed Martin(ロッキードマーチン)の合弁企業である。「アトラスV」(ロッキードマーチン製)と「デルタ4」(ボーイング製)という衛星打ち上げ用ロケット2機種を運用。アメリカ政府の安全保障や気象観測、宇宙科学などの官需打ち上げのほぼ全てを担っていた。

ＵＬＡは２０００年代初期までは、商業打ち上げ市場における民間衛星打ち上げも行っていたが、１９９０年代後半から低価格を武器に参入してきたロシアの商業打ち上げが伸びてきたことから、商業打ち上げから撤退。米官需に特化したビジネスを展開してきた。

そのＵＬＡの、アトラスＶ／デルタ４に代わる新世代ロケットが「ヴァルカン」だ（図17）。Ｈ３と同じく２０１４年から２０１９年初号機打ち上げ予定で開発が始まったが、これまたＨ３と同じく大きく遅延し、２０２４年1月に初号機打ち上げに成功した。

狙いは「ロシア製エンジンへの依存からの脱却」

ヴァルカンの開発意図は、「ロシア製エンジンへの依存からの脱却」だった。既存のアトラスＶとデルタ４は、１９９０年代後半に米国防総省が資金を出して開発されたロケットで、完成したロケットを比較した結果、アトラスＶが米官需用の主打ち上げ機、デルタ４がバックアップ打ち上げ機という位置付けとなった。

主打ち上げ機となったアトラスＶは、第1段主エンジンに、ロシアEnergomash（エネゴマシュ）が製造する「ＲＤ‐１８０」エンジンを使用していた。

１９９1年にソ連が崩壊して以降、旧ソ連の高度技術が技術者と共にテロ支援国家に流出するのを恐れたアメリカは、積極的にロシア製品を購入して、ロシアの航空宇宙産業を下支えした。ＲＤ‐１８０採用はその典型であり、これにより、２０００年代以降、「アメリカの偵察衛星が、

図18　ヴァルカンロケットの概要

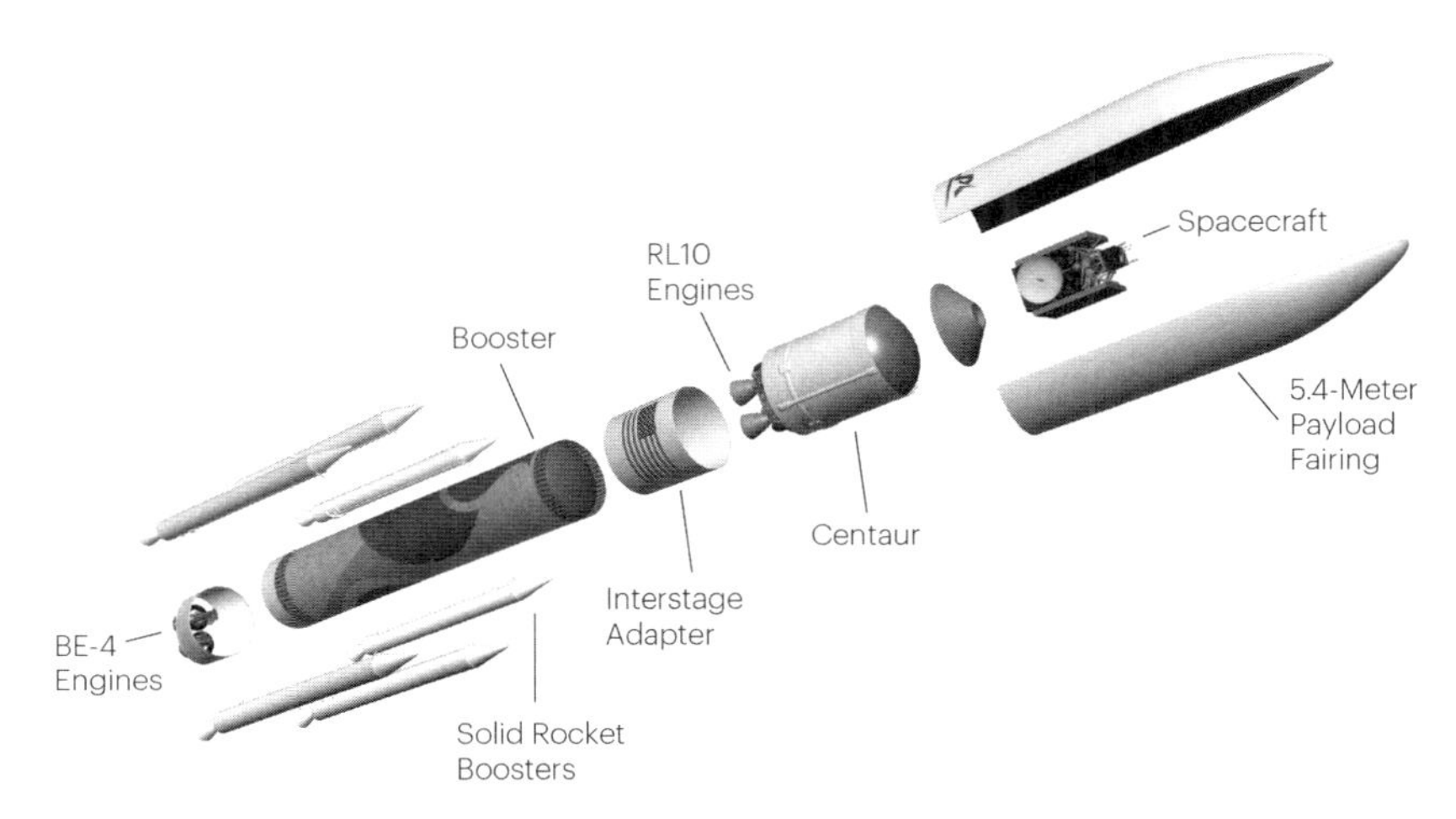

（出所：ULA）

ロシア製エンジンで打ち上げられる」という冷戦時代には考えられなかった事態が、常態化した。

アメリカの当初の目論見では、全技術資料をロシアから購入してRD-180を国産化する予定だった。しかし、主にエンジンに使用する材料の規格（物性）が米ロでは大きく異なったことから、RD-180の国産化は失敗。ロシアからのエンジン購入が継続した。

ところが、2014年3月にロシアがクリミア併合を強行した結果、米ロの関係は悪化し、いつまでRD-180が購入できるかが不透明となった。その結果、「アメリカ製のエンジンを使用する新しいアトラス」の検討を急速に進め、2014年末には、米宇宙ベンチャーのブルーオリジンが開発していた第1段用エンジン「BE-4」を第1段に2基使用する新ロケット「ヴァルカン」の構想が固まった(図18)。

既存の技術資産を最大限に生かしたロケット

ヴァルカンの特徴は、「既存の技術資産を最大限に生かした、BE-4採用の新型アトラスロケット」という点にある。標準型は直径5・4mで全高61・6m。直径5・4mは、デルタ4と同一だ。

第1段のBE-4エンジンは、メタン・液体酸素を使用する。第2段は1950年代以降60年以上改良を重ねて使われ続けている、米Aerojet Rocketdyne(エアロジェットロケットダイン)製の液体酸素・液体水素エンジン「RL-10」を使用している。

アメリカの場合、RL-10使用の上段はエアロジェットロケットダインが「セントール」という名称で開発・製造しており、各種ロケットで共通して使用されている。ヴァルカンは、ヴァルカンに合わせて直径5・4mまで推進剤タンクを大型化し、RL-10エンジンを2基装着した「セントールV」を使用している。なお、アトラスVは第2段にRL-10を1基装着した「セントールIII」上段を使用していた。

H3同様に固体ロケットブースターが装着できる。ブースターなしの「ヴァルカン・セントールVC0」から、ブースター2基装着の「VC2」、同4基の「VC4」、同6基の「VC6」と4つのバージョンがある。

固体ロケットブースターは、米Alliant Techsystems（アライアントテックシステムズ）が、アトラスV用固体ロケットブースター「GEM63」を、ヴァルカンのために全長を伸ばして推進剤量を増やすなどの改良を施した「GEM63XL」を使用する。GEM63XLは、推進剤量が48トンと、H3のSRB-3のほぼ7割の規模の固体ロケットブースターだ。

打ち上げ能力はブースターなしのVC0が地球低軌道に約9トンを打ち上げる。標準構成となるVC2は同16・3トン。これは、日本がISS（国際宇宙ステーション）向け無人貨物輸送船「こうのとり」の打ち上げに使っていたH-IIBロケットとほぼ同等だ。最大構成のVC6は同25・6トンで、これはファルコン9の第1段を使い捨てにした場合の打ち上げ能力よりやや大きい。

ヴァルカンもH3やアリアン6と同じく、将来の回収・再利用型ロケットに発展させる構想が検討されている。第1段の機体全体を逆噴射で回収・再利用するのではなく、BE-4エンジンのみを第1段分離後に切り離してパラシュートで帰還させるというエンジンのみの再利用だ。パラシュートで降下してくるエンジンは、着地前にヘリコプターで空中キャッチして回収する。

宇宙ベンチャー「ブルーオリジン」の「ニューグレン」

スペースXのスターシップよりは小さいがファルコンベビー並みの打ち上げ能力を持ち、第1段を回収・再利用するロケットがブルーオリジンの「ニューグレン」だ（図19）。既にEC（Electric Commerce）大手のアマゾン・ドット・コムが進める大規模通信衛星コンステレーション「プロジェクトカイパー」の衛星打ち上げという巨大打ち上げ需要を確保している。本格的に商業打ち上げ市場に進出してきた暁には、H3の強力なライバルとなる可能性を秘める。

2020年代のダークホースとなるか

ニューグレンが、プロジェクトカイパーの衛星打ち上げに採用されている理由は、ブルーオリジンの創設者がアマゾン・ドット・コム創設者であるジェフ・ベゾス氏だからだ。ブルーオリジンは、ベゾス氏が2000年に立ち上げた宇宙ベンチャーだ。

長らく極度の秘密主義で、どのような事業を遂行しているのかよく分からない会社だったブ

図19　射点に姿を現したニューグレン

（写真：Blue Origin）

ルーオリジンが表に出てきたのは、２０１５年にカプセル型弾道飛行用有人宇宙船打ち上げシステム「ニューシェパード」の打ち上げ実験を開始してからだ。以後、ニューシェパードは２０２４年10月までに25回の打ち上げを行った。２０２１年７月の16回目の飛行では、ジェフ・ベゾス氏自身もニューシェパードに搭乗。高度１０７㎞に到達して、「宇宙飛行士」の称号を得た。

ベゾス氏は２０２１年にアマゾン・ドット・コムのＣＥＯを引退し、ブルーオリジンＣＥＯに専念するようになった。同氏は、保有するアマゾン・ドット・コムの株式を計画的に売却して得た資金を、そのままブルーオリジンに投資しており、その規模は毎年10億ドルに達する。

そのブルーオリジンが開発している衛星打ち上げ用ロケットが「ニューグレン」だ（図20）。開発が公表されたのは２０１６年だが、少なくともその数年前から開発が始まっていたらしい。直径７ｍ、全長98ｍの大型２段式ロケットで、第１段を「ファルコン９」同様、逆噴射で回収・再利用する。ただしファルコン９のような射点近くに戻る飛行モードはなく、打ち上げ地の沖合いに配備した洋上プラットホームに着陸する。フロリダ州のケープ・カナヴェラル宇宙軍施設から打ち上げる。

打ち上げ能力は地球低軌道に45トン、静止トランスファー軌道に13・6トンだ。規模的にはほぼ「ファルコンヘビー」と同等と考えて良いだろう。

エンジンは、自社開発のメタン・液体酸素を推進剤とするエンジン「ＢＥ−４」を第１段に７基使用する（図21）。前述の通り、ＢＥ−４は、ＵＬＡの「ヴァルカン」第１段エンジンにも採用されており、一足先に２０２４年１月のヴァルカン初打ち上げで、初めて使用された。

図20 横置きにされたニューグレン

ニューグレンもファルコン9と同じく、横置きで組み立てて射点で垂直に立てられる。(写真：Blue Origin)

図21　BE-4エンジン

（写真：Blue Origin）

第2段には「ニューシェパード」用に自社開発した液体酸素・液体水素エンジン「BE-3」を2基使用する。

当初は2020年初打ち上げを予定したが、新型打ち上げ機の常として開発は遅延し、2024年内を予定している。

ニューグレンは既にユーテルサット、スカパーJSATなどの衛星通信会社から静止衛星打ち上げを受注している。これらの打ち上げでは、アリアン6と同じく、2衛星を同時に打ち上げる予定だ。先述した通り、アマゾン・ドット・コムの「プロジェクトカイパー」の衛星も、ニューグレンが打ち上げの主力となる予定だ。

ニューグレンの将来構想としては、スペースXのスターシップのような、再利用可能な第2段「プロジェクトジャービス」が存在する。

中国の打ち上げ需要を満たす「長征」

欧米だけがH3のライバルではない。

中国は現在、旧世代の「長征2〜4」ロケットと、2015年以降に運用が始まった新世代の「長征5〜8/長征11」という2系統のロケットを並行して運用している。旧世代長征は197

0年に中国初の衛星「東方紅1号」を打ち上げた「長征1」ロケットを技術的ルーツとしている。第1段、第2段は、自己着火性があるが毒性の強い推進剤の、ヒドラジン・四酸化二窒素の組み合わせを使用している。主に静止軌道向け打ち上げに使われる第3段は、液体酸素・液体水素を推進剤としている。

新世代長征では、地上から使える液体酸素・液体水素の第1段用エンジン「YF－77」、第1段及び液体ロケットブースターに使用するケロシン・液体酸素のエンジン「YF－100」、第2段で使用するケロシン・液体酸素のエンジン「YF－115」という3種類のエンジンが開発された。

ロケット本体は直径5m、3・35m、2・26mの3種類のサイズが規格化され、ロケットの規模に応じてこれらの直径のタンクを作り分けて、機体を構成する仕組みになっている。

打ち上げ能力最大の「長征5」は、本体直径が5mで第1段はYF－77を4基装備。周囲に直径3・35mでYF－100を2基備える液体ロケットブースターを4基装着する。地球低軌道に25トンのペイロードを打ち上げる能力がある。

主に太陽同期極軌道向けの小型打ち上げ機「長征6」は、第1段が直径2・25mでYF－100を1基装備。ブースターはない。高度700㎞の太陽同期極軌道に約1トンの打ち上げ能力を持つ。

中型打ち上げ機の「長征7」は直径3・35mの第1段にYF－100を2基装備。周囲に直径2・25mでYF－100を1基装着した液体ロケットブースターを4基装着する。第2段はY

F-115を使用しており、全段で推進剤を統一している。打ち上げ能力は地球低軌道に13・6トンだ。

同じく中型打ち上げ機の「長征8」は長征7のブースターを2本に減らす一方で、第2段を液体酸素・液体水素エンジンに換装したもの。打ち上げ能力は地球低軌道に8・1トン。長征8には、第1段とブースターを一体化し、逆噴射により回収・再利用する将来構想が存在する。

長征11は、長征5〜8とは技術系統が異なる、全段固体推進剤を使用する4段式ロケット。どこからでも打ち上げ可能な大陸間弾道ミサイル並みの運用性の高さが特徴だ。はしけを使った洋上打ち上げにも対応している。打ち上げ能力は地球低軌道に700kg。

これらとは別に、2030年代に想定される独自有人月探査計画のための巨大ロケット「長征9」を開発している。初打ち上げは2033年の予定。直径10・6m、全高114mの3段式ロケットで、第1段は逆噴射により回収・再利用する。打ち上げ能力は地球低軌道に150トン。ほぼスペースXのスターシップ級の打ち上げ機となる予定だ。

アメリカに次ぐ中国の打ち上げ回数

中国は2023年に67回の打ち上げを実施した。アメリカに次ぐ2番目の打ち上げ回数だが、現状ではほぼ全部、旺盛な国内の打ち上げ需要を満たすのに使われている。

中国の場合、現状で衛星総数1万機以上の通信衛星コンステレーション計画が3つも動いている。国営の中国衛星網絡集団による「国網（GW：衛星数1万2992機）」、上海市政府直轄の上海垣信衛星科技による「千帆星座（G60：衛星数1万5000機）」、民間企業の上海藍箭鴻擎科技による「鴻鵠（Honghu-3：衛星数1万機）」だ。このうち千帆星座は、既に衛星の打ち上げを開始している。このことから、当面中国の打ち上げ機は国内重要を満たすために使われると推察できる。

【コラム2】 大型化する宇宙ベンチャーのロケット

国家、あるいは大手の宇宙産業企業が開発するロケットとは別に、宇宙ベンチャーもまた活発にロケットを開発している。

21世紀に入ってから起業した宇宙ベンチャーは、初期には開発コストが低廉な小型衛星打ち上げ用の小型ロケットを開発するのが普通だった。しかし、2020年代に入って衛星コンステレーションによる打ち上げ需要の高まりに伴い、より大型のH-IIAクラスのロケットを開発する動きが進んでいる。

先頭を走っているのは、小型衛星を打ち上げる小型ロケット「エレクトロン」の運用を軌道に乗せた米Rocket Lab(ロケットラボ)だ。同社はアメリカとニュージーランドに拠点を置いており、2017年からニュージーランド北島東岸のマヒア半島に建設したロケットラボ第1発射施設からのエレクトロンによる商業打ち上げビジネスを開始。2024年10月現在、53回の打ち上げを実施した実績を持つ。

フェアリングを再利用する「ニュートロン」

そのロケットラボが開発中の大型ロケットが「ニュートロン」だ(図)。ニュートロンは第1段を再利用する2段式ロケット。機体は最大直径7mの緩やかな円錐形状で、全高は42・8m。地球低軌道に13トンのペイロードを打ち上げる能力を持つ。ロケットの規模としては、日本のH-IIAロケットよりもやや大きい。

同社がニュートロンのために開発する「アルキメデス」エンジンを、第1段に9基、第2段に1基使用

図　ニュートロン

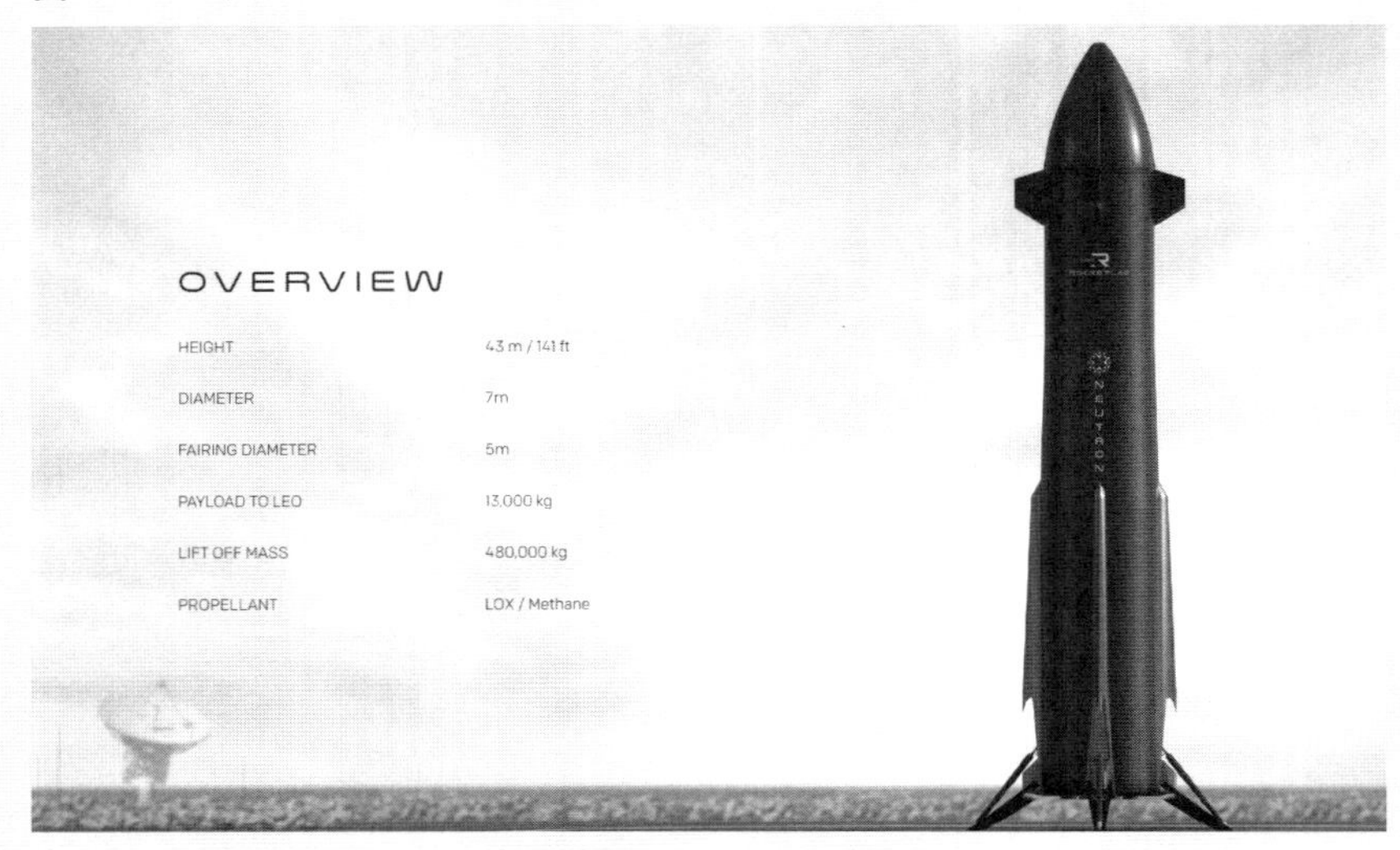

（写真：Rocket Lab）

する。アルキメデスはメタン・液体酸素を推進剤に使用し、約70トンfの推力を発生する。エンジンの規模としては、ほぼスペースXの「マーリン1」に近い。

最大の特徴は、第1段とフェアリングが結合されていること。第2段はペイロードと共にフェアリング内に完全に格納される。打ち上げでは第1段燃焼終了後、フェアリングが開いて、第2段を分離。その後またフェアリングを閉じて、第1段は逆噴射で地上に帰還する。つまり最初からフェアリングも再利用する設計というわけだ。

打ち上げは、米バージニア州のワロップス島に位置する中部大西洋地域スペースポートから行う。同スペースポートは米航空宇宙局（NASA）ワロップス飛行施設に隣接する民間管理のロケット射場だ。初号機打ち上げは

2025年中を予定している。

2023年3月に、機体のほぼ全体を3Dプリンターで製造したロケット「テラン1」の打ち上げで(打ち上げ自体は第2段不着火で失敗)注目を集めた米Relativity Space(レラティビティスペース)は、大型ロケット「テランR」の開発に進んでいる。2段式で第1段は逆噴射による回収・再利用を行う。直径5・5m、全高82・3m、地球低軌道に23・5トンを打ち上げ可能と、ロケットの規模はH3やアリアン6を超える。初号機打ち上げは2026年の予定だ。

日本国内では、現在小型ロケット「ZERO」を開発しているインターステラテクノロジズ(北海道大樹町)が、その次のステップとして、ほぼH-ⅡA相当の能力を持ち第1段を回収・再利用するロケット「DECA」の構想を公表している。

Part

5

打ち上げ成功まで苦闘の10年

Rocket Survival 2030

ＪＡＸＡが２０１４年にＨ３の開発を始めてから、打ち上げ成功に至る２０２４年までの10年間。Ｗｅｂサイト「日経クロステック」と「日経ものづくり」はその軌跡を追い続けた。ここでは日経クロステック／日経ものづくりが取材し、掲載した関連記事を転載する。そこにはＪＡＸＡをはじめとした関係者がどのような課題に直面し、どのように解決していったのか、10年間の苦闘の歴史が刻み込まれている。[*1]

＊1　名称や肩書き、事実関係などは掲載時のもので、現在とは異なる場合がある。

２０１５年7月8日

次世代ロケット「H3」、打ち上げの価格も期間も半減目指す

宇宙航空研究開発機構（ＪＡＸＡ）は２０１５年7月8日、記者会見を開催し、２０２０年度の実用化を目指す次世代の国産液体燃料ロケット「Ｈ３」の概要を説明した（図1）。同ロケットは、現行の「Ｈ-ⅡＡ」「同Ｂ」の後継となる基幹ロケット。低コスト、高信頼性、サービスの柔軟性の高さを追求することで、世界的に増加傾向にある大型の人工衛星の打ち上げ需要の取り込みを狙う。

図1　JAXA第一宇宙技術部門H3プロジェクトチームプロジェクトマネージャ（当時）の岡田匡史氏

（写真：日経クロステック）

　第1段に推力150トンfの液体ロケットエンジン「LE-9」を2〜3基、第2段に推力14トンfの液体ロケットエンジン「LE-5B改良型」を1基、固体ロケットブースター（SRB）を最大4基搭載する。最小構成は、第1段エンジン3基、第2段エンジン1基、SRBなしのときで、その目標打ち上げ能力（ペイロード（積載物）の質量）は、太陽同期軌道へ4トン以上。第1段エンジン2基、第2段エンジン1基、SRB4基の場合の目標打ち上げ能力は、静止トランスファー軌道へ6・5トンとする。

　目標とする打ち上げ価格は、最小構成の場合でH-IIAの約半額に相当する約50億円。そのために実施を計画するのが、システム構成の簡素化、設計段階における低コストな製造・運用コンセプトの作り込み、日本が得意とする技術の活用、といった低コスト化策だ。

例えば、H-ⅡA、同Bでは第2段にのみ使っていたエキスパンダー・ブリード・サイクルエンジンという方式を、簡素さが特徴で本質的安全性と低コスト化を両立できるとの観点から、第1段エンジンとしても適用。第1段エンジンでは第2段エンジンに比べて大きな推力を求められるため、H-ⅡA、同Bの同エンジンに対して10倍以上の推力を出せるように燃焼器部分の開発に取り組む。さらに、ロケットに搭載する機能の配分を見直すことで、システムを簡素化し搭載コンポーネント数の削減を図っているという。

低コストな製造・運用コンセプトとしては、モジュール化や流れ生産化などを推進。例えば、2基構成や3基構成の第1段エンジンをそれぞれユニットにし、それらを共通のコア機体に組み付ける構造とすることで、バリエーション間での調整をできるだけ減らしたり、複数の機体の流れ生産を実施したりすることで効率化を図る考えという。また、SRBのコア機体への結合・分離機構を簡素化する、自動点検や自律点検を取り入れるなどの取り組みにより、整備に要する時間の短縮を目指すとしている。

日本が得意とする技術の活用としては、アビオニクス(電子部品)などの民生部品を積極的に活用することを想定。また、高精度で低コストな加工技術や品質管理技術を取り入れていくという。

一方、低コスト化と並ぶ重点項目の高い信頼性の確保に向けては、主な新規開発案件の1つである第1段エンジンのLE-9において、数値シミュレーションを積極的に活用して確実に作り込むことや、アビオニクスシステムにおいて耐故障性の向上を図るといった取り組みを例として挙げる。サービスの柔軟性の向上に関しては、受注から打ち上げまでの期間や打ち上げ間隔、射場における人工衛星の搭載作業期間のそれぞれにおいて、少なくとも半減させるとする。

ちなみに、従来は大まかには受注から打ち上げまでが2年、打ち上げ間隔が2カ月、搭載作業期間が1カ月だったという。(富岡 恒憲、日経クロステック2015年7月8日)

2019年4月12日

開発最終段階に入った次世代ロケットエンジン「LE-9」、秋田で実機同等構成の燃焼試験

JAXAと三菱重工業は2019年4月12日、日本の次期主力ロケット「H3」のために開発している第1段エンジン「LE-9」の「厚肉タンクステージ燃焼試験(BFT:Battleship Fireing Test)」の3回目を秋田県大館市にある三菱重工業田代試験場で実施、報道陣に公開した(図2、

図2　BFTテストスタンドに装着された2基のLE-9エンジン

（写真：松浦晋也）

図3　厚肉タンクステージ燃焼試験（BFT）の様子

エンジン燃焼ガスに大量の水を吹き込んで冷却する。このため試験時は、噴射ガスを逃がす煙道から、白煙が吹き出す。（写真：松浦晋也）

3）。

今回公開した厚肉タンクステージ燃焼試験（以下、BFT）は、エンジン本体と本体相当の推進剤タンク、配管を組み合わせた試験（図4）。推進剤タンクを縦方向に配置して実際のH3ロケットと同様にエンジンの上方に置き、配管やバルブの配置、推進剤にかかる圧力を実際のロケットと合わせる。エンジンも2基及び3基同時に燃焼させる。

種子島などで実施してきたエンジン単体試験より実際のH3ロケットに近づけた試験となる。エンジンや配管、配置は実機そのままだが、実際のロケットよりも丈夫な推進剤タンクを使うことから「厚肉タンク」「戦艦（Battleship）」と呼ばれる。

今回の試験は実際の打ち上げに使える仕様の開発用試験機である「実機型エンジン」による燃焼試験の一貫だ。現状のLE-9は推力の目標は達成したが、比推力がまだ少々目標に足りていない。次の段階では、実機型エンジンの燃焼試験で得られた知見を加味して、設計を改良した最終試験機「認定型エンジン」で燃焼試験を実施。目標性能達成を確認した上で、実際の打ち上げに使用するエンジンの設計を確定する予定である。

今回の試験は全8回を予定しているBFTの3回目。LE-9エンジン2基の構成で行われた（図5）。燃焼秒時は40秒を予定。途中エンジンの向きをアクチュエーターで変える推力偏向と、エンジン推力を約3分の2に絞るスロットリングを実施する。エンジン停止は、タイマーではなく実機同様にタンク内推進剤を使い切ったことをセンサーで検知して行う。

14時から行われた実際の試験では燃焼時間は44秒となった。試験後の会見で、JAXAプロ

図4　三菱重工業田代試験場のBFTスタンド

（写真：松浦晋也）

図5 田代試験場に据えられたLE-9の実機型エンジン

手前の最も太い配管は、タービンを駆動した後のガスをノズル内に放出するための配管。この部分の流路抵抗が性能に大きく影響するので思い切って太い配管にしたとのこと。（写真：松浦晋也）

ジェクトマネージャの岡田匡史氏は「詳細はデータの解析を行う必要があるが、燃焼試験そのものは正常に行われ、予定していたデータを全て取得できた」と述べ、開発の順調さをアピールした

ＢＦＴはエンジン2基、エンジン３基で各4回、計8回を実施予定だ。エンジン2基構成のＢＦＴをあと1回実施した後に、エンジン３基構成によるＢＦＴを２０１９年6月から8月にかけて、同じく田代試験場で実施する。

ＢＦＴ終了後は、今年中にＪＡＸＡ種子島宇宙センターのＨ３射点において、実機と同等の構成の第1段を立て、射点に固定して噴射を行う認定燃焼試験（CFT：Captive Firing Test）[*2]を実施する。２０２０年度前半にはＨ３の実機を射点に立てて、射点設備との整合性を調べる地上総合試験（GTV：Ground Test Vehicle）を実施。２０２０年度後半の初号機打ち上げという段取りとなっている。（日経クロステック２０１９年4月16日）

＊2　CFT（Captive Firing Test：実機型タンクステージ燃焼試験）：射点で完全に組み上げた機体を使って行うエンジン噴射試験。機体のタンクに詰めた推進剤でエンジンを噴射し、機体システム全体が正常に機能するか否かを確認する。初号機打ち上げに向けた最後の試験となる。

2020年2月13日

2020年度内打ち上げへ、試験順調、主エンジンの性能達成にめど

「ロケットエンジンの開発はどこに魔物が潜んでいるか分からないが、やっとここまで来た。気を緩めることなく、最後まで開発をやり抜く決意でいる」と、国産新ロケット「H3」のプロジェクトマネージャを務めるJAXAの岡田匡史氏は語った。

JAXAは2020年2月13日、秋田県大館市の三菱重工業・田代ロケット燃料燃焼試験場で、H3ロケット向け第1段主エンジン「LE-9」の「厚肉タンクステージ燃焼試験(BFT:Battleship Firing Test)」の8回目**(図6)**を、続く2月29日には種子島宇宙センター(鹿児島県)の固体ロケットモーター燃焼試験設備で、H3第1段向けの固体ロケットブースター「SRB-3(Solid Rocket Booster 3)」の第3回燃焼試験**(図7)**を実施し、いずれも成功させた。今後予定される試験や開発が順調に進めば、2021年3月までに初号機打ち上げとなる。[*3]

田代での第8回BFTは燃焼時間40秒。終了後の記者会見では「試験は予定通り。得られたデ

*3 SRB-3の分離試験、第2段の実機型タンクステージ燃焼試験（CFT）、LE-9エンジンのCFTや機体と射点との適合性確認試験といった開発終盤の試験を予定する。

図6　2月13日に実施したLE-9エンジン第8回BFTの様子

(写真：松浦晋也)

図7　SRB-3燃焼試験の様子

SRB-3は横位置で固定し、海に向かって噴射する。(写真：JAXA)

ータは今後精査するが、クイックルックでは良好な性能が得られている」(三菱重工防衛宇宙セグメント宇宙事業部技術部H3プロジェクトマネージャーの新津真行氏)とした。

LE-9の開発は順調に進んでいる。予定していた真空中推力150トンfを達成。ロケットエンジンにとって燃費に相当する性能の指標である比推力は425秒の予定のところ422秒まで達成できている。その理由について岡田氏は「シミュレーション技術の進歩が大きく寄与している」と説明する。

LE-9が推力150トンfの大型ロケットエンジンとしては世界で初めてエキスパンダー・ブリード・サイクルを採用する。主燃焼室の壁面に燃料を通し、エンジン冷却と同時に高温ガスを発生させてターボポンプを駆動する。副燃焼室による燃焼を行わずに壁面からの吸熱のみでターボポンプを駆動するエネルギーを得る。構造が簡素化でき、低コスト化とエンジンのどこの配管で破断や漏れなどのトラブルが起きても爆発には至らない堅牢(けんろう)性が同時に得られるのがメリットだ。

一方の課題は壁面からの吸熱で得られる熱エネルギーに限界があり、高推力化、高比推力化が困難なこと。そのため主燃焼室内の燃焼を一様に保ち、主燃焼室壁面の温度むらをなくして一定にそろえるかが高推力化のカギとなる。むらのない状態で壁面温度を材料の限界ギリギリまで上げると、吸熱を最大にできるからだ。そこで「コンピューターシミュレーションによる燃焼解析を繰り返して最適化を図り、主燃焼室壁面温度を一様に保てる燃焼条件を割り出した」(岡田氏)という。

図8　3基が3角形に配置された第8回BFTのLE-9エンジン

手前右と残りの2つ（奥と左）で噴射機の製造手法が異なる。また、ノズルの補強用のたがも手前右では軽量化のために減らされている。手前右は噴射機を金属AMで製作した。残りの2つは切削部品を組み合わせている。（写真：松浦晋也）

田代での第8回BFTでは、2種類3基のLE-9エンジンを同時燃焼させた（図8）。2種類とは、主燃焼室に推進剤を吹き込む噴射器の製作手法の違いで、従来の切削部品を組み合わせた方式と金属アディティブ製造（AM、3Dプリンター）製がある。AM製部品の開発が遅れたため両型式を認定し、打ち上げに使う。

2020年度中に打ち上げ予定のH3初号機では切削部品による噴射器のエンジンを利用する予定だ。次の2号機ではAM製噴射器のエンジンを使用し、以後AM製に移行する。

小型固体ロケットの第1段と共用

２０２０年２月29日に行われたＳＲＢ-３の第３回燃焼試験当日の天候は朝から雨。しかし試験予定時刻の午前11時までに雨はやみ、予定通りＳＲＢ-３に点火。約１００秒の燃焼試験を実施した。試験終了後の記者会見では、燃焼時間１０７・５秒、最大推力２１７３ｋＮ、最大燃焼圧力は11・０ＭＰａでほぼ狙った通りの性能が出たと発表された。

ＳＲＢ-３は基本部分がそのままＪＡＸＡの小型固体ロケット「イプシロン」の次期バージョンで第１段としても使用される。Ｈ３とイプシロンの両方にＳＲＢ-３を利用して量産によるコスト低減を図るためだ。

ＳＲＢ-３とイプシロン１段はモーターケースや推薬は共通だが基部の構造物やノズルは異なる。最大の相違点はＳＲＢ-３がノズル固定式なのに対して、イプシロン第１段はノズルの向きを変えて噴射方向を変化させる推力偏向制御（ＴＶＣ）機構を持つところ。今回の試験ではＳＲＢ-３にＴＶＣ機構を持つノズルを装着した型式で実施し、燃焼中にノズルを最大動作角である５・５度まで振って、推力偏向が予定通りに行えることも確認した。

ＳＲＢ-３は、打ち上げ直後の推力を増強し、打ち上げ能力を高めるために装着される固体燃料を使うブースターロケットだ。Ｈ-ⅡＡ／Ｂロケットで採用するブースター「ＳＲＢ-Ａ」の発展型でサイズもほぼ同じだ。

図9　ブースターロケットの第1段への取り付け方法の変化

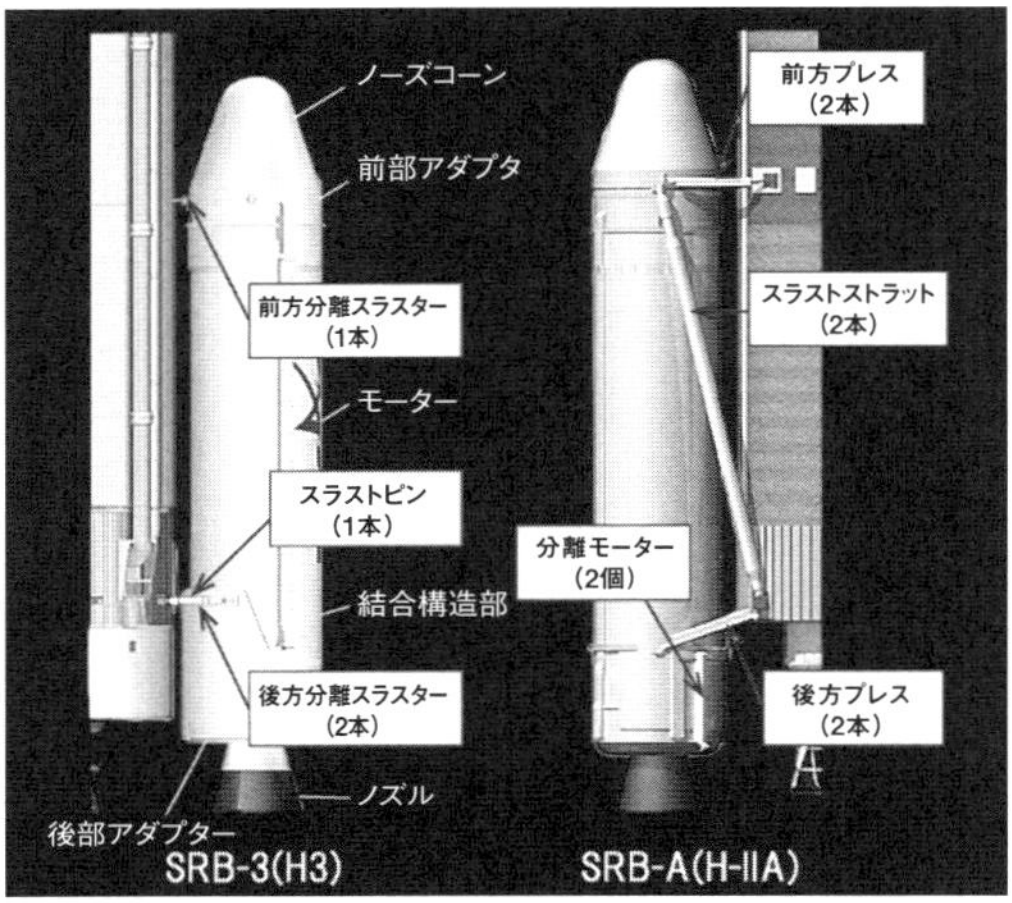

第1段との接続方法がSRB-AのスラストストラットからSRB3ではスラストピンに変更され簡素化された。(出所：JAXA)

SRB-AからSRB-3への大きな変更点は、[1]第1段との接続方法をスラストストラットからスラストピンによる接続に変更[2]SRB-AにあったTVC機構を廃止――の2つである。SRB-Aに比べて構造が簡素で部品点数が減り、低コスト化や信頼性向上につながる(図9)。

ブースターと第1段の両方への利用が最初から構想されるSRB-3では、双方にとって最良となるように、「H3とイプシロンの開発チームが徹底的に議論して設計の妥協点を出した」(岡田氏)。実際、SRB-3はSRB-Aより燃焼時間が短く、推力は大きい。SRB-Aと比べると1段向けにやや振った仕様である。現在4号機までが打ち上げ済みのイプシロンは段階的に完成度を高める開発プロセスを採用しており、「ＳＲＢ-３を使うのは６号機以降」（ＪＡＸＡイプシロンプロジェクトマネージャの井元隆行氏）となる。[*4]

Ｈ３はＪＡＸＡと三菱重工がＨ-ⅡＡ／Ｂを継ぐ次期基幹ロケットとして２０１４年から開発している。機体構成は第１段の構成で３種類用意する。[*5] 打ち上げ価格を最小構成で50億円とＨ-ⅡＡから半減。国際的な衛星打ち上げ市場での価格競争力を得ようとしている。

現在、世界の第１段用ロケットエンジンは回収・再利用が１つのトレンド。回収を前提に複雑かつ高コストだがより高性能な２段燃焼サイクルの採用が主流になっている。[*6]

一方のＨ３は「究極低コストの使い捨てロケット」を狙っている。性能はほどほどで低コストのエキスパンダー・ブリード・サイクルを採用したのはそのためだ。[*7] 国際的な打ち上げ市場はどちらを選ぶのか――Ｈ３初号機の打ち上げ以降に明らかになるだろう。（日経クロステック２０２０年３月31日）

*4 イプシロンは、２０１３年９月の初号機に引き続き、２号機からは第２段を強化した「強化型イプシロン」を打ち上げており、次の５号機も強化型になる見込みという。究極の使い捨てで再利用ロケットに対抗。

*5 ３基のLE-9とＳＲＢ４基の組み合わせも検討したが、コストの割に打ち上げ能力が上がらないために不採用となった。

*6 米スペースＸが次世代宇宙船「スターシップ」用に開発中の「ラプター」エンジン、同じく米ブルーオリジンが次世代大型ロケット「ニューグレン」向けに開発している「BE-4」エンジンは、共に２段燃焼サイクルだ。

*7 H-IIからH-IIA／Bまでは２段燃焼サイクルを採用した。

2020年9月18日

2種類の亀裂発覚でH3ロケット1年延期、タービンは設計全面見直し

LE-9エンジン燃焼室の損傷に液体水素ターボポンプのタービン破損——。JAXAは2020年9月18日、「H3」ロケット初号機打ち上げ延期に関してオンラインで記者会見を開き、新開発のLE-9エンジンに発生したトラブルの詳細を説明した。[1)]

JAXAはこの会見に先立ち、2020年9月11日に開いた山川宏理事長の定例記者会見でH3ロケット初号機の打ち上げを2020年度から2021年度に1年延期すると発表していた。延期の理由は、第1段エンジンとして開発中のLE-9エンジンの燃焼試験でトラブルが発生したためだ。

2020年9月18日の記者会見でトラブルの詳細を説明したJAXAプロジェクトマネージャの岡田匡史氏は、以前より「エンジン開発には魔物が潜む。何が起きてもおかしくはない」とロケットエンジン開発の難しさを語っていた。今回発生した2つのトラブルは、その岡田氏が言及

1) 参考資料「宇宙開発利用部会（第58回）議事録・配付資料」（文部科学省）

していたエンジン開発につきまとう「小さいが見過ごすことができない魔物の仕業」だった。

エンジン燃焼室壁面と液体水素ターボポンプのタービンの羽根に亀裂

ＬＥ-９エンジンは、Ｈ３ロケットの第１段用にＪＡＸＡが開発している大型液体ロケットエンジンだ。定格推力は１４７１ｋＮ（約１５０トンｆ）。液体水素を燃料に、液体酸素を酸化剤に使用する。これらは独立して動作するターボポンプで燃焼室に押し込まれ、燃焼したガスをノズルから噴射して推力を得る。ターボポンプを駆動するのは、燃焼室壁面に液体水素を通して得られる高温の気体水素ガスだ。このようなエンジン形式をエキスパンダー・ブリード・サイクルという。

トラブルは、２０２０年5月26日に種子島宇宙センターのテストスタンドで実施した燃焼試験で発生した。エンジン燃焼室の壁面と液体水素ターボポンプのタービンの羽根に、亀裂が見つかったのだ（図10）。

この試験は、実際の打ち上げに使うエンジンと同じ仕様の認定型エンジンを使って、エンジンの完成度を調べる認定試験の8回目だった。この試験では、燃料と酸化剤の混合比などの運転条件を、製造誤差や実際の飛行時にかかる加速度による配管入り口圧力変化などから、運用時に起こり得る最も厳しい条件に設定。それでもトラブルを起こさずに運転できるか否かを確認した。

ロケットは製造時の誤差から打ち上げ時の天候に至るまで、様々な条件の変化を受けながら

図10　壁面破損の概要

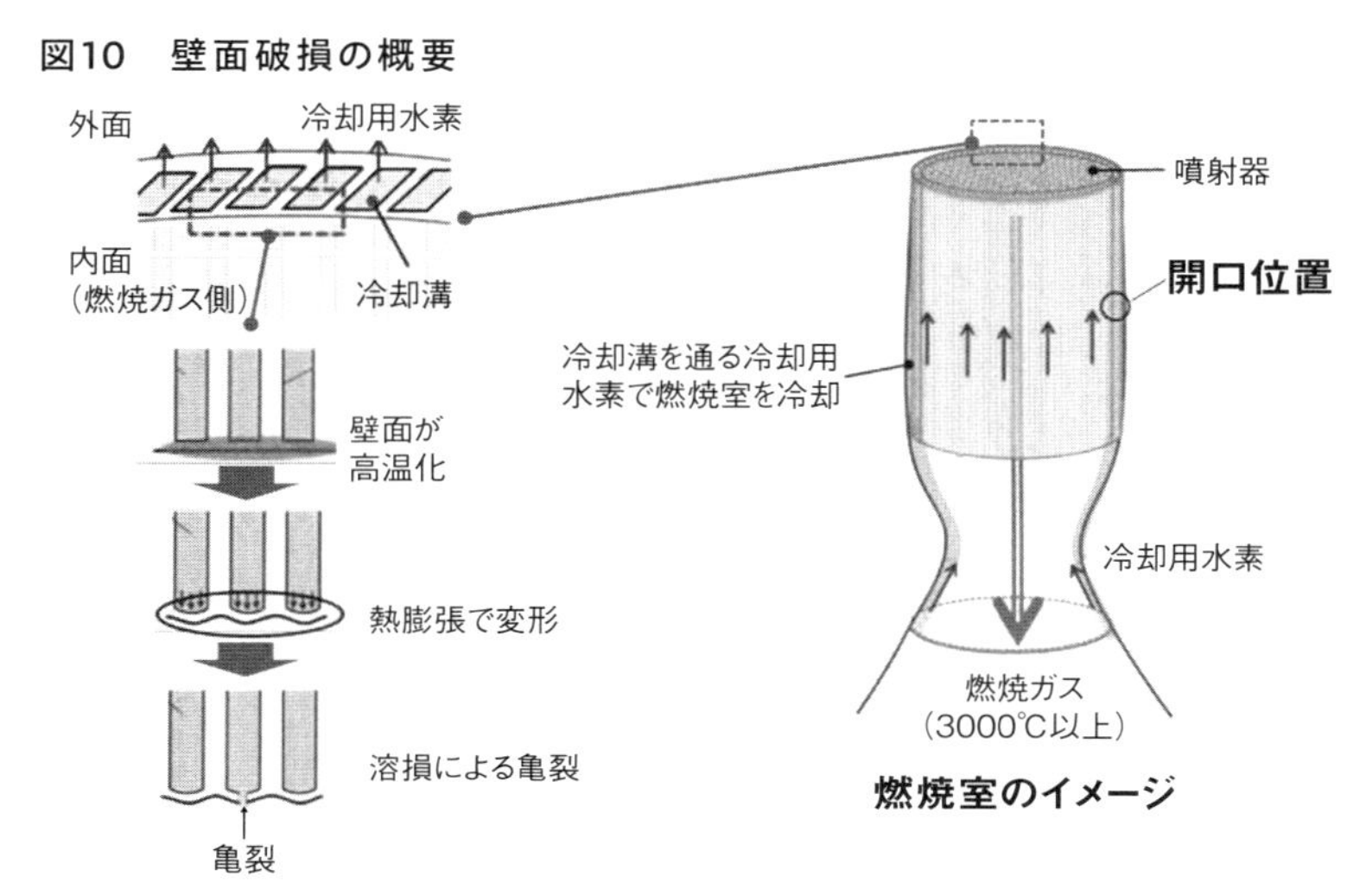

冷却溝がある部分の壁面が高温で膨らみ、その膨らみに熱が集中して溶損。壁面に亀裂が発生した。（出所：JAXA）

運用する。それらの条件は正常値を中心に「ここまでなら大丈夫」という幅を設定して管理する。これらの条件が許す範囲内で全て悪い方に出てもエンジンが正常に運転できるのを確認する試験だった。

試験そのものは243秒の燃焼の予定が、225・5秒で液体水素ターボポンプのポンプ入り口圧力が事前に設定した値を割り込んだので終了した。この状況自体は事前検討の範囲内で異常ではない。しかし、試験終了の翌日にテストスタンドで燃焼室内部を目視で検査した際に見つかった燃焼室壁面の亀裂は、事前検討の範囲外だった。

エンジン燃焼室の壁面の内側には液体水素を流して冷却するための溝が約500本彫り込んである。溝の走っている部分の壁面は溝を彫り込んだ分、薄くなっている。この部分に14カ所の亀裂が発生していた。最も大きな亀裂は幅と長さがおよそ0・5㎜×10㎜に及んでいた。

さらに後日、エンジンを分解検査したところ、液体水素ターボポンプのタービンの羽根にも亀裂が見つかった。LE-9液体水素ターボポンプのタービンは2段式で、2枚のタービンディスクを持つ。このうち2段目ディスクの円周に並ぶ76枚の羽根(ブレード)のうち2枚に亀裂が発生していた。

独立した2つのトラブルが発生

JAXAは当初、この2つのトラブルは何らかの関連があるものと予想していた。タービンブレード破損で水素流量が変化し、燃焼室内混合比が崩れて壁面の温度が上がり、燃焼室壁面に亀裂が発生——といったシナリオだ。しかし、調査が進むにつれてお互いは無関係の独立したトラブルと分かってきた。

燃焼室壁面の亀裂は、厳しい条件下で事前の想定以上に壁面が高温になったのが原因だった。溝がある部分の壁面は厚さが0・7㎜しかない。この部分の温度が上昇して熱膨張で膨らむ。膨らんで燃焼室内に飛び出した部分にさらに熱負荷がかかり、温度が上昇して壁面が溶けてついに亀裂が発生したのだ。

JAXAは亀裂を防ぐために、壁面のフィルム冷却を強化することにした。フィルム冷却とは、燃焼室壁面に沿って燃焼に寄与しない水素を流して断熱層を作り、燃焼ガスから壁面への熱伝導を減らす手法だ。

この水素の流量を増やして断熱効果を上げフィルム冷却を強化する。この他、エンジン起動や停止の手順も見直して燃焼室壁面温度が上がり過ぎないように改善する。「フィルム冷却に回す水素流量を増やすと、それだけエンジン性能が低下する可能性がある。全体システムを見直してトータルでは性能を落とさないようにする」(岡田氏)。

もう一方の液体水素ターボポンプタービンの亀裂は、事前の解析では問題を起こさないと想定していた共振が、想定以上に大きくなった結果だった。ロケットエンジンのターボポンプは運転時に様々な振動にさらされる。振動周波数と、力学的には片持ち梁となるタービンブレードが共振を起こすと、タービン羽根に金属疲労が蓄積して、最終的に亀裂が発生する。

2020年8月に入ってから角田宇宙センターのターボポンプ試験設備で、タービン羽根にひずみゲージを取り付け、実際に羽根がどのような周波数で振動するかを計測した。ひずみゲージには外部から高周波で給電し、計測データも無線で取り出す。もともとジェットエンジンのタービンブレード振動を計測するために開発された技術だが、ロケットエンジンのターボポンプに適用したのは今回が初めてだったという。

この計測で、従来の解析では疲労に至る振動を起こさないとされていた周波数の振動が、実際に疲労破壊を起こすレベルの共振を起こしていたと確認できた。液体水素ターボポンプのタービンは2枚の回転するブレード列(動翼、タービンディスクともいう)を持つ2段式で、タービンデ

図11　LE-9液体水素ターボポンプの構造

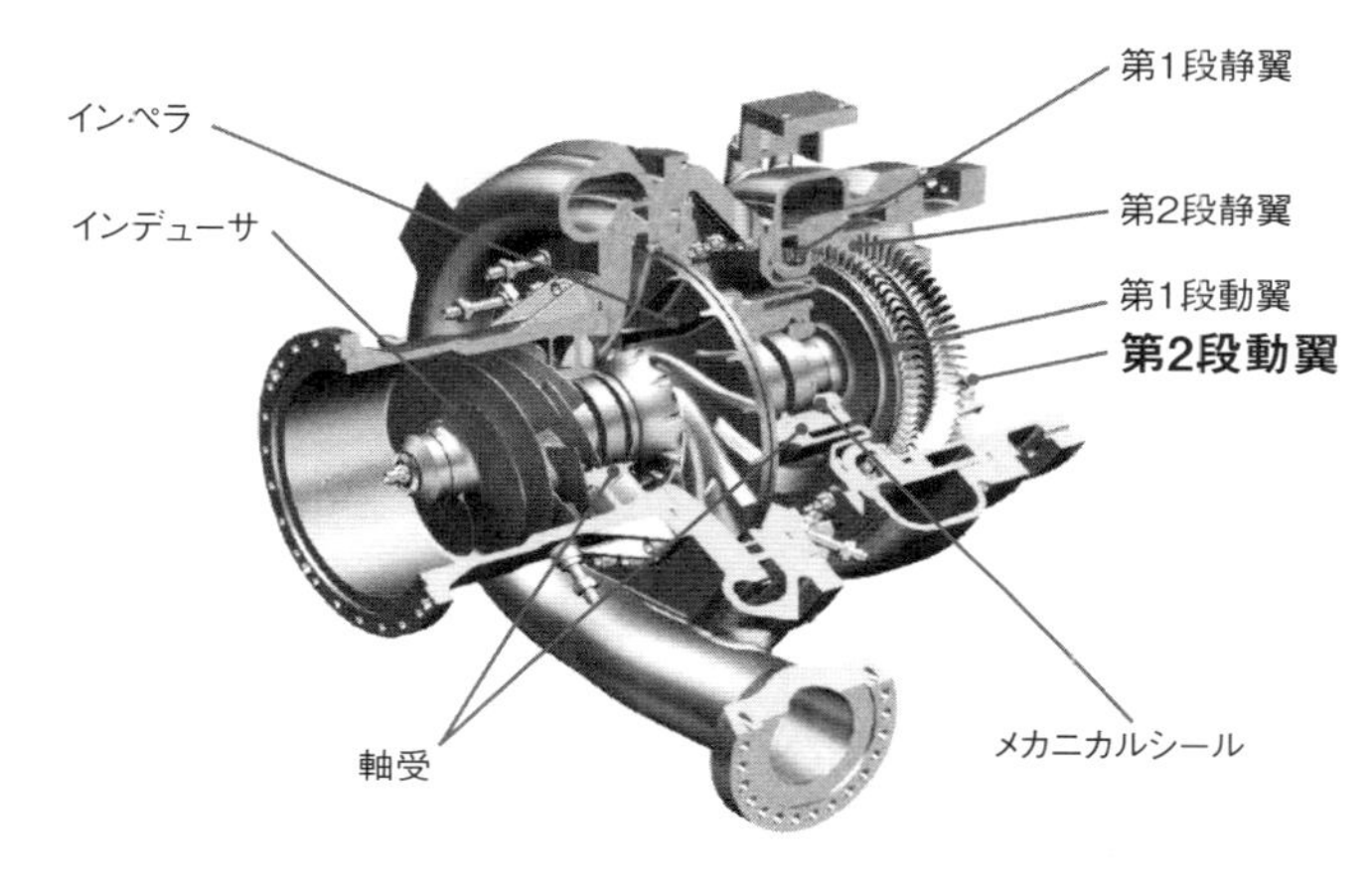

破損が起きたのは第2段動翼（タービンディスク）の羽根（タービンブレード）。76枚のブレードのうち2枚が金属疲労で破損した。（出所：JAXA）

ィスクの間には流れを整流する、回転しない静翼（ステーター）というブレード列が挟まっている（図11）。問題の周波数は、第2段動翼と静翼の間で起きる振動で、周波数は軸回転数と2段動翼と静翼それぞれのブレード枚数のかけ算で決まる。

今回のトラブルを受け、振動の防止対策として、発生する振動の周波数とタービンブレードが持つ全ての共振周波数が一致しないように、タービンを再設計することになった。具体的にはタービンブレード形状と枚数を変更する。これはかなり大がかりな設計変更であり、「この時点で打ち上げの延期を覚悟した」（岡田氏）。

なお、問題が発生していない液体酸素ターボポンプでも、同様の対策を行ってエンジンシステム全体の安全性を向上させる。

シミュレーションを多用した設計に落とし穴

LE-9は2019年に開発計画を見直し、タイプ1とタイプ2の2種類のエンジンで段階的に開発を進めていた。初号機はタイプ1エンジンで飛行する。今回のトラブル発生に伴うエンジンの設計変更は、タイプ1エンジンから適用される。

タイプ1と2の違いは、振動対策と3Dプリンターで製造する部品をどこまで採用するかだ。タイプ1はターボポンプなどで共振が起こらない条件でのみ運転するが、タイプ2ではそもそも共振が起こらないように設計を変更する。

3Dプリンターの利用面での最大の相違は、燃焼室に推進剤を吹き込む噴射器(インジェクター)という部品だ。タイプ1は、従来と同じ個々の部品から組み立てたインジェクターを使うのに対して、タイプ2では3Dプリンターで一体成形したインジェクターを使用する。これによって約500点の部品で構成していたインジェクターが、1つの部品に統合され、その分コストの低下と信頼性の向上を図れる。H3ロケットの開発スケジュール維持と3Dプリンター技術の開発に必要な時間の確保を両立させるための方策だ。

初号機の打ち上げ延期により、H3ロケットで打ち上げる予定の人工衛星のスケジュールにも影響が出る。そのため、H3ロケットでの打ち上げを前提に開発が進んでいる「新型宇宙ステーション補給機（HTV-X）」の打ち上げ時期は2021年度から2022年度に変更される。

岡田氏はこれまでの取材で、LE-9の開発が順調に進んでいた理由として、コンピューターを用いたシミュレーション技術が発達して精度が向上し、「実際に作って運転し、試してまた設計を直す」という手戻りが少なくなったことを挙げていた。しかし今回、燃焼室とターボポンプのタービンという重要部位で大きな手戻りが発生してしまった。

岡田氏は会見で、「シミュレーションは大きく進歩したが、シミュレーションだけで設計できるわけではない。今回のトラブルと打ち上げ延期は、その事実を示した。技術は正直なものなので、結果は真正面から受け止める必要がある」と反省の弁を述べていた。（日経クロステック2020年9月28日）

2021年1月21日

H3ロケットがついに完成体へ。種子島で極低温試験　最終組み立て

JAXAは、次期基幹ロケット「H3ロケット」の開発スケジュール概要を2021年1月21

図12　種子島宇宙センターで実施する試験日程

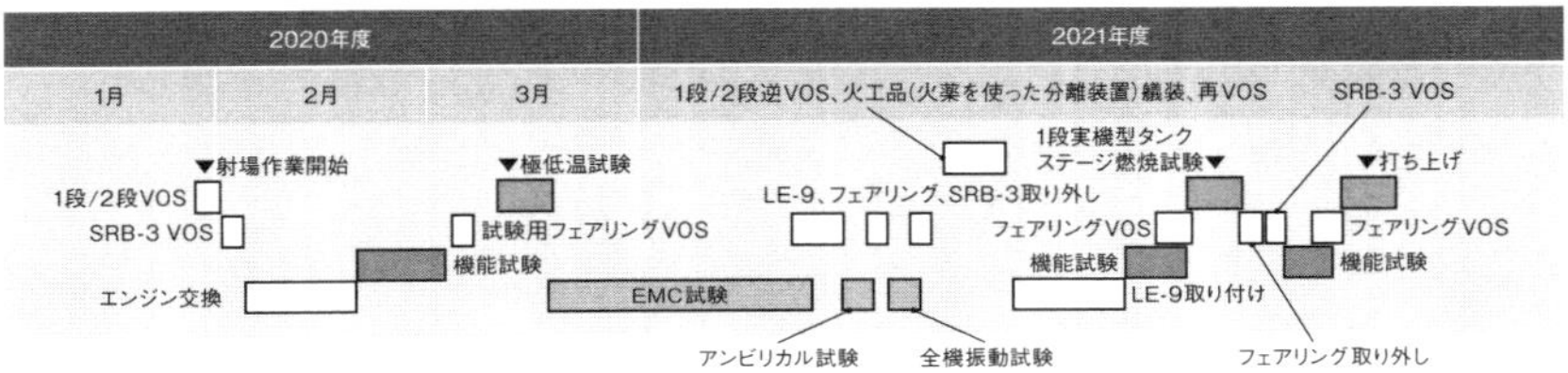

移動発射台での組み上げ（VOS）を実施後、初号機の機体を使い「極低温試験」「1段実機型タンクステージ燃焼試験」などの大がかりな試験を順次実施する。（出所：JAXA）

日のオンライン説明会で公表した。ＪＡＸＡ種子島宇宙センターで初号機（試験機1号機）の機体を使い「極低温試験（Ｆ−０）」、「１段実機型タンクステージ燃焼試験（Ｔ−０）」などの大がかりな試験を順次実施する（図12）。[2]

Ｈ３初号機の機体は既に完成している。現在（２０２０年１月27日時点）はＪＡＸＡ種子島宇宙センターへ向けて輸送中。到着後はまず、実機を移動発射台上で組み上げる「ＶＯＳ（Vehicle On Stand）」を実施する。ＶＯＳでは、打ち上げに使うものとほぼ同等の仕様の最新型エンジン「ＬＥ−９」を第１段に装着。第１段に固体ロケットブースターを、第２段にペイロード（積載物）を収容する衛星フェアリングを装着した状態で射場設備との適合性を機能試験で確認する。

3月以降、種子島宇宙センターの射点設備を使った最後の試験が続く

その上で、２０２１年3月に大がかりな「極低温試験」を実施する。この試験は、実際の打ち上げ通りの手順を、打ち上げ

2）「宇宙開発利用部会（第58回）議事録・配付資料」（文部科学省）

図13　試験モデルの衛星フェアリング

塗装していないのでフェアリングの素材である炭素系複合材料そのままの黒色をしている。極低温試験ではこれを使う。（写真：JAXA）

数秒前まで通しで実施するテストだ。ロケットに極低温推進剤である液体水素と液体酸素を実際に充塡するので、この名がある。射点側設備とロケットが、トラブルなく連動して打ち上げ作業を実施できるか否かを確認する試験だ。

この極低温試験を完了して初めて完全な形のH3ロケットが姿を現す。衛星フェアリングは、19年12月に川崎重工業の播磨工場での「分離放てき試験」に使用した試験モデルを使用する。H3には全長16・4mの「ロング」と同10・4mの「ショート」の2種類のフェアリングがあるが、この試験モデルはロング型を使用。実際に打ち上げるフライトモデルは塗装するのでフェアリングの外観は白色となるが、試験モデルは塗装していないのでフェアリングの素材である炭素系複合材料そのままの黒色をしている(図13)。

同じ機体を使って、極低温試験に続けて「電磁適合性(ＥＭＣ)試験」を実施する。これは機体に搭載するアビオニクス(電子機器)に影響する機体内外の電磁ノイズや、ロケットと地上局の間の通信の特性などを調べる試験だ。打ち上げ直前までロケットと接続しているアンビリカル(「へその緒」という意味の配線や配管)のほか、全機体に振動をかけて振動特性を取得する試験なども実施する。

これらの試験と並行して機体の構成を組み替える。ＬＥ-９エンジンを実際に飛行に用いるモデルに取り替え、フェアリングも初号機打ち上げに使う白く塗装したショート型に交換、固体ロケットブースター「ＳＲＢ-３」をいったん外す。

この状態で、初号機打ち上げ前の最大の関門といえる1段実機型タンクステージ燃焼試験を実施する。射点で実際の飛行中と同じように機体システムを動作させてＬＥ-９エンジンを燃焼させる試験だ。ロケットを射点に固定して実施する燃焼試験なので「ＣＦＴ(Captive Firing Test)」ともいう。

ＣＦＴをクリアできたら、再度機体構成を組み替える。固体ロケットブースターを装着し、打ち上げる先進光学衛星「だいち3号」をフェアリング内に搭載して、初号機として打ち上げる。

LE-9の改良に向けた試験が進行中

Ｈ３の初号機は当初、２０２０年度中(21年3月まで)に打ち上げ予定だったが、２０２０年5月に実施した主エンジン「ＬＥ-９」の燃焼試験で不具合が発生。２０２１年度に初号機の打ち上げ時期が延期された。

ＪＡＸＡは２０２１年1月21日の説明会で、打ち上げ延期の原因となった、第１段エンジン「ＬＥ-９」の開発進捗状況も明らかにした。打ち上げ延期の原因となったＬＥ-９エンジンはＣＦＴまでに開発を終えている必要がある。

現在はエンジン燃焼試験とターボポンプ単体での試験を同時並行で進めており、その結果を受けて仕様を確定。改良を施したエンジンを種子島宇宙センター内の燃焼スタンドで「認定試験」という燃焼試験にかけて動作を検証し、認定試験をパスした設計のＬＥ-９エンジンを使い１段実機型タンクステージ燃焼試験を実施する計画だ。

打ち上げ延期の原因となったＬＥ-９エンジンのトラブルは、燃焼試験でエンジン燃焼室内壁及び液体水素ターボポンプのタービンブレードに亀裂が発生したというものだ。２０２０年秋以降、燃焼室内壁の対策を検証するための燃焼試験を種子島宇宙センターで5回、合計６４０秒実施。ターボポンプはＪＡＸＡの角田宇宙センター(宮城県角田市)の試験施設でターボポンプを回し、タービンブレードに発生する振動モードを実際の計測で全て把握する試験を実施している。回転するタービンブレードにひずみセンサーを取り付け、データを無線で外部送信してブレードの振動を直接計測する。

この試験は液体水素ターボポンプで先行して実施中だが、タービンブレードに亀裂が発生しなかった液体酸素ターボポンプもこの試験にかけた上で、最終的な設計変更を確定する。(日経クロステック2021年1月29日)

2021年3月17~18日

H3ロケットの打ち上げ準備も大詰め、極低温点検を実施

JAXAと三菱重工業などが開発中の次期基幹ロケット「H3」の開発が大詰めを迎えている。2021年3月17~18日、鹿児島県の種子島宇宙センターで「極低温点検」を実施。実際に打ち上げを行う射点で、その立ち姿を初めて現した(図14)。

極低温点検は、打ち上げ時とほぼ同様の状態に組み立てたロケットを射点に出し、射点設備と接続の上、推進剤である極低温の液体酸素・液体水素の極低温を実際に充填して、打ち上げ直前

図14　鹿児島県の種子島宇宙センターで実施する「極低温点検」のために、初めて姿を現したH3ロケット

（写真：JAXA）

までの作業をリハーサルする試験だ。射場設備及び打ち上げ支援設備などの地上系設備と、ロケット本体との整合性を調べる役割を持つ。この試験で、H3が初めて立ち姿を現した。

試験結果は良好で、地上系設備とロケットを組み合わせても、トラブルなく打ち上げ準備作業を実施できると確認された。今後、設計を変更している第1段エンジン「LE-9」の完成を待ち、射点上で実機に取り付けた第1段エンジンの噴射を行う試験「1段実機型タンクステージ燃焼試験（T-0）」を実施。21年度中に

初号機の打ち上げを目指す。

極低温点検では、主に以下の点を検証する。

[1]機体組み立て棟から射点に機体を安全に移動し、電気ケーブルや配管などを接続できるかどうか。

[2]安全、確実に推進剤を機体に充填できるか。

[3]想定した手順通りに打ち上げカウントダウン作業を実施できるか。

[4]射点上の機体と宇宙センター周辺の追尾施設との通信を確実に実施できるか。

試験に使う機体は、第1段と第2段のコア機体、固体ロケットブースターなどは初号機に使う実機だ。ただし第1段のLE-9エンジンは、今も開発を続けているので燃焼試験に使用したモデルを装着。また、極低温点検では引き返し不可能な事象の発生を防ぐために、実際の打ち上げと違って火工品(火薬を使った分離装置)への配線(アーミング)もしていない。

ペイロードを収容する衛星フェアリングは2019年12月に実施した分離放てき試験[*8]に使用した、試験モデルを装着している。H3のフェアリングは全長の短いショートと長いロングの2タイプがあり、使用した試験モデルはロングタイプだ。実機に使用する際には白色に塗装するが、試験モデルは未塗装で、黒い炭素系複合材の地肌が露出している。黒いフェアリング付きのH3は今回のみとなる。

＊8　分離放てき試験：フェアリングは左右2つの構造体を、切れ込みを入れて切れやすくした多数のボルトで接合する。接合面には、火薬の爆発で膨らむ金属チューブをはわせてある。フェアリングの分離時には、火薬に点火して金属チューブを膨らませ、ボルトに張力をかけて切断し、左右を分離する。分離放てき試験とは、この試験を意味する。

試験は当初2021年3月15～17日に実施する予定だったが、一部地上設備の健全性確認に時間を要したので、同月17～18日に順延した。当日の種子島は、風は弱いものの雨が降り、時折、土砂降りになる悪天候だった。当初午前6時30分を予定していた機体組み立て棟から射点への機体移動開始は、強い雨のために21分遅れ、午前6時51分となった。移動発射台に載ったH3が姿を現し、46分をかけて射点に移動した。

天候にたたられ続けた試験

その後も射点付近は、断続的に強い降雨に見舞われ、予定は遅延した。射点に到着した機体には、推進剤充填用及びフェアリング内空調用の配管、電力やデータ通信用配線などを接続する。次いで地上設備の液体酸素・液体水素タンクを加圧して推進剤を機体に充填する

悪天候に加え、推進剤充填用のどの配管をどのタイミングでどの程度加圧するかという自動充填の手順を一部見直したので、予定から3時間半遅れて午後4時から推進剤の充填を開始した。充填時及び充填終了後の各部機能点検も、推進剤タンクを加圧するヘリウムガス系統の調整に時間を要したためにさらに2時間遅れとなった。

その結果、打ち上げの60分前から6・9秒前までを模擬するカウントダウン試験は深夜にずれ込んだ。2021年3月17日午後7時30分に終了する予定が、実際には翌18日午前1時となった。6・9秒というのは、第1段エンジンLE-9を点火するタイミングだ。試験では第1段エンジ

ン点火直前までを完全に模擬する。

第2回カウントダウン試験は中止、試験結果は良好

Ｈ３ロケットは、機体構成と打ち上げるペイロード（積載物）に応じて搭載する推進剤の量を変える場合がある。当初予定では、カウントダウン試験も推進剤の量に合わせて2回、実施する予定だった。通常の推進剤量で1回、推進剤量を減らした状態で1回だ。

しかし、1回目の試験で十分なデータを取得できたのと、射場付近に雷が落ちる可能性が高まったので、推進剤量を減らした2回目のカウントダウンを中止した。その代わり、推進剤の排出途中で、どうしても推進剤量が減った状態でないと実施できない配管圧力やバルブ動作などの確認を「特別検証試験」という名称で実施。18日午前11時には、推進剤排出を終了した。同日夕刻にＨ３機体を機体組み立て棟に戻し、極低温点検を終了した。

２０２１年3月18日午前11時からの記者会見で、ＪＡＸＡ Ｈ3プロジェクトマネージャの岡田匡史氏は、「厳しい天候にもかかわらず試験は順調だった」と明らかにした。「実際の打ち上げ作業に向けた要改善項目を洗い出せた。推進剤の自動充填に向けた、一部バルブの動作試験や加圧のタイミングなども修正できた」という。

極低温点検が成功裏に終了したので、Ｈ３の機体構造及び射場設備は、打ち上げに向けた準備をほぼ終えた。

残るヤマは2つだ。1つは、第1段エンジンLE-9を、最終的な形状で種子島宇宙センターのテストスタンドで燃焼させる「認定試験」。LE-9は、20年に開発の最終段階でトラブルが発生し、改良作業を続けている。もう1つは、LE-9と第1段機体を組み合わせて射点上で噴射させる「1段実機型タンクステージ燃焼試験(T-0)」だ。

これらの試験をクリアした後、H3初号機は「H3-22型」という構成で、JAXAが開発した先進光学衛星「だいち3号」(ALOS-3)を搭載して、打ち上げに臨む。(日経クロステック2021年4月6日)

2022年10月3日

H3ロケット構成の完成形、2号機はブースターなしLE-9だけの構成で打ち上げ

「H3」ロケット2号機を、固体ロケットブースター(SRB)を装備しない、「LE-9」エンジン3基だけの構成で打ち上げる――。

図15　LE-9領収試験の様子

（写真：松浦晋也）

ＪＡＸＡは２０２２年10月３日、種子島宇宙センターで開催した記者会見で、こう明らかにした。同日、現在開発中の次世代型ロケットＨ３の初号機に搭載するＬＥ-９エンジンの性能を確認する領収試験を同センターで実施し、報道陣に公開（図15）。その際の記者会見で、ＪＡＸＡ Ｈ３プロジェクトマネージャの岡田匡史氏が述べた。

具体的には、Ｈ３ロケットのＣＦＴを２回実施する。２０２２年11月に、第１段をＬＥ-９エンジン２基とした構成で最初のＣＦＴを実施。その上で、２０２２年度中の打ち上げを目指しているＨ３初号機は、メインのＬＥ-９を２基、ＳＲＢを２基の「Ｈ３-22」コンフィギュレーションで打ち上げる。

その後、LE-9を3基構成で2回目のCFTを行い、2023年度に打ち上げを予定しているH3の2号機の打ち上げは、LE-9エンジンが3基でSRBを持たない「H3-30」コンフィギュレーションとする。

個体ブースターエンジンなくして初めて本領発揮するLE-9

H3の第1段メインエンジンとして新規開発したLE-9は、推力100tf（約980kN）クラスの大型液体ロケットエンジンとしては世界で初めて「エキスパンダー・ブリード・サイクル」と呼ぶ燃焼サイクルを採用した。エキスパンダー・ブリード・サイクルは推力30tf（約294kN）以下の推力のエンジン向きで、100tf以上の推力を必要とする第1段エンジンには向いていないとされてきた。

そのエキスパンダー・ブリード・サイクルをJAXAと三菱重工業が、あえて大推力のメインエンジンであるLE-9に採用したのは、燃焼室が不要なので「コスト削減を図れる」メリットがあったからだ。

加えて、SRBなしで打ち上げられる設計にすれば、打ち上げコストを一層低減できる。裏を返せば、SRBを搭載しないH3-30の構成が完成してこそ、LE-9エンジンを開発してきたメリットを十分に享受できるわけだ。

エンジン3基を装着してのCFTを初号機打ち上げ後に実施

改めて説明すると、H3には大別して3種類の基本構成があり、打ち上げる衛星の重量や軌道に合わせて使い分ける。

1つは、第1段にLE-9エンジンを3基装備するH3-30。2つ目が、第1段にLE-9を2基装備してSRBを2基装備するH3-22。そして、第1段にLE-9を2基装備してSRBを4基装備する「H3-24」だ。

現在、H3は開発の最終段階にある。今年(2022年)11月には初号機の機体を用いてLE-9エンジン2基のCFTを実施する。

その結果を受けて2022年度内に初号機を打ち上げるか否かを決定する。初号機は、LE-9が2基、SRBが2基のH3-22構成で、地球観測衛星「だいち3号」を搭載して打ち上げる。

第1段にLE-9エンジンを3基装備するH3-30は、第1段の配管やバルブの構成が、エンジン2基の場合と異なる。このためJAXAは、初号機打ち上げ後に別途、LE-9エンジンを3基搭載した機体で、CFTをもう一度実施する。

2度目のCFTで、エンジン3基構成の設計の妥当性を最終的に確認した上で、H3の2号機をエンジン3基のH3-30構成で打ち上げる。

液酸・液水のロケットとしてはデルタ4に続き2機種目

　SRBを搭載しない構成は機体構造が単純になり、SRBの分だけ調達コストが下がる利点がある。「H3-30」の打ち上げ能力は、ほぼ地球全球を観測できる太陽同期極軌道に4トン。これはH-IIAの打ち上げ能力と等しい。H3-30は、1機50億円というコストを目標にしているが、これにはSRBを不要にしたことが大きく奏功している。

　JAXAと三菱重工が第1段に採用している液体酸素（液酸）と液体水素（液水）という推進剤の組み合わせは、燃費に相当する性能指標である「比推力」が高いという大きな利点を持つが、同時に大推力を得にくいという欠点を持つ。一方で、固体推進剤は、比推力が低いが大推力を出しやすい。[*9]

　ロケットの設計では、打ち上げの初期は重力に抗して機体を持ち上げるための大推力が重要だ。ある程度速度が出てからは、より高い最終速度に到達できる比推力が重要になる。

　H-IIからH-IIBまでの日本の大型ロケットは比推力の大きい液酸・液水と推力の大きい固体推進剤を組み合わせ、打ち上げ初期には固体のSRBで一気に加速し、SRB分離後は液酸・液水の第1段でより高い速度に到達するという設計方針を採用してきた。

　これに対してH3は、これまでの液酸・液水ロケットエンジンの研究開発成果を生かして、高推力の液酸・液水エンジンLE-9を開発し、それを3基装着することで、SRBなしの打ち上

＊9　世界的に見ても第1段に液酸・液水を使う全段液体のロケットは、米Boeing（ボーイング）が製造する「デルタ4」ロケットの基本バージョン「デルタ4ミディアム」と、液酸・液水の液体ロケットブースター2基を装着した「デルタ4ヘビー」しかない。

図16　VAB内で組み立て中のH3初号機の第1段

作業用の床が展開しているので、機体全体を見られない。下の作業床には、SRBを装着するための3つの円形の穴が開いている。（写真：松浦晋也）

げを可能にした。

重たいSRBを装着しないので、推進剤タンクが空の状態では機体が軽い。そこで機体各部にアクセスしやすい横倒しの状態での組み立てが可能になる。完全に組み上がった状態で縦に起こし、推進剤を充填して打ち上げるわけだ。

H3も構想段階では、SRBを小型化して横倒しで組み立てできないか検討した。しかし、SRBを全段固体の「イプシロンS」ロケット第1段と共用する関係上、SRBを小型化できなくなり、従来通り、機体組立棟（VAB）内で、移動発射台（ML）の上に立てた状態で機体を組み立て、縦のままMLごと射点に移動するという方式に落ち着いた（図16）。

11月にCFTを実施、年度内に初号機打ち上げ

JAXAが2022年10月3日に公開したのは、H3初号機に使用するLE-9エンジン2基のうち、2機目の領収試験だ。同試験は午後4時過ぎに実施された。

LE-9は各部バルブを電動で動かしており、燃焼中にバルブ開度を変化させれば、エンジン運転条件を変えられる。1回の燃焼試験で複数の運転条件での試験ができるわけだ。この日のエンジン燃焼時間は64秒の予定で、燃焼後半で液体酸素吸い込み口圧力を徐々に下げて、一定以下に下がったところでエンジンを停止させるという運用を行った。実際のエンジン燃焼時間は61.4秒だった。

これらの実験で得られたデータは数日かけて解析し、必要な条件を満たしていれば、次のステップである2022年11月のCFTに進む。CFTは初号機の機体及びLE-9エンジンをそのまま利用して実施する。

これまで日本の衛星打ち上げ用大型ロケットは「H-II」「H-IIA」「H-IIB」と全てSRBを装着していた。SRBを搭載せず、本体にLE-9エンジンだけ搭載する機体構成はH3で初めて導入するもの。この形式をとる2号機の打ち上げが成功して、やっとH3は「完成」と呼べる段階に到達することになる。

この日は、同時にVAB内で組み立て中のH3初号機の機体も公開された。JAXAは、CFTの結果が良ければ、H3初号機を2022年度内に打ち上げたいとしている。(日経クロステック2022年10月19日)

2022年11月8日

H3ロケット初号機打ち上げに向けて前進、最終試験は成功

JAXAは2022年11月8日、種子島宇宙センターで2022年11月7日に実施したH3ロケットの1段実機型タンクステージ燃焼試験（CFT）の結果を公表した（図17）。データ取得状況は良好。取得したデータの数値も、試験翌日の時点で概観した範囲内ではおおむね良好という。CFTは実質上、打ち上げ前の最終試験に当たる。H3ロケットは、年度内の初号機打ち上げに向けて着実に前進した。

一部計測機器の電源投入ミスで試験が9時間遅れる

CFTのエンジン点火は当初11月7日午前7時30分の実施を予定していたが、一部計測機器から信号が入らないというトラブルが発生して午後4時30分までずれ込んだ。H3を乗せた移

図17　H3のCFT噴射の様子

（写真：JAXA）

動発射台（ML5）に設置した計測機器の電源が入っていないと確認。この時、既にロケット推進剤タンクに極低温推進剤（液体酸素と液体水素）が充填されつつあり、ロケット周辺は立ち入り禁止規制がかかっていた。

このためトラブルシューティングとして推進剤タンクに充填した液体水素を一度抜き、作業者がML5に赴いて電源を投入した上で、再度充填する作業が必要となった。液体水素の抜き去りと再充填にはそれぞれ数時間かかるために、エンジン点火が約6時間遅延。「加えて、推進剤を慎重に充填した分で約3時間を要した」（JAXA　H3プロジェクトマネージャの岡田匡史氏)。

電源が入っていなかった理由は現状では不明。人為的ミスの可能性もあるので、調査した上で手順書への反映などの対策を実施する予定だ。

CFTは打ち上げリハーサル

CFTは、単なる第1段の噴射試験ではない。「実際に第1段エンジンを点火する打ち上げリハーサル」という性格を持つ。そのため、試験項目は多岐にわたる。機体の射点への移動から、移動発射台と射点との配管や電力ケーブル、電気配線などの接合、推進剤充填、風向きの変化を受けた機体搭載プログラムの変更などの打ち上げ前準備作業、さらには噴射中の機体の振動や第1段LE-9エンジンの推力方向変更機能の確認やエンジン運転中のロケットと追跡局間の通信の確認など、数多くの作業を試す(図18、19[3])。

打ち上げ前準備作業については、2021年3月に実施した極低温点検試験の結果を受けて変更した手順を、実地で確認するという意味もある。極低温点検試験とは、実際の機体を用いてエンジン点火の寸前までの打ち上げ準備作業を行う試験だ。

JAXAの岡田氏は、CFTの結果について次のように話す。

「試験翌日の現時点では、データは良好に取得できた。得られた各データの数値もこれまでにざっと見たところでは想定した範囲内だ。おおむね我々が事前に狙った通りにH3の全システ

3) 参考資料「宇宙開発利用部会(第71回)配付資料」

図18　機体組立棟から射点への機体移動の様子

試験前日午後6時半過ぎから行われた。（写真：JAXA）

図19　CFTにおけるカウントダウンシーケンス

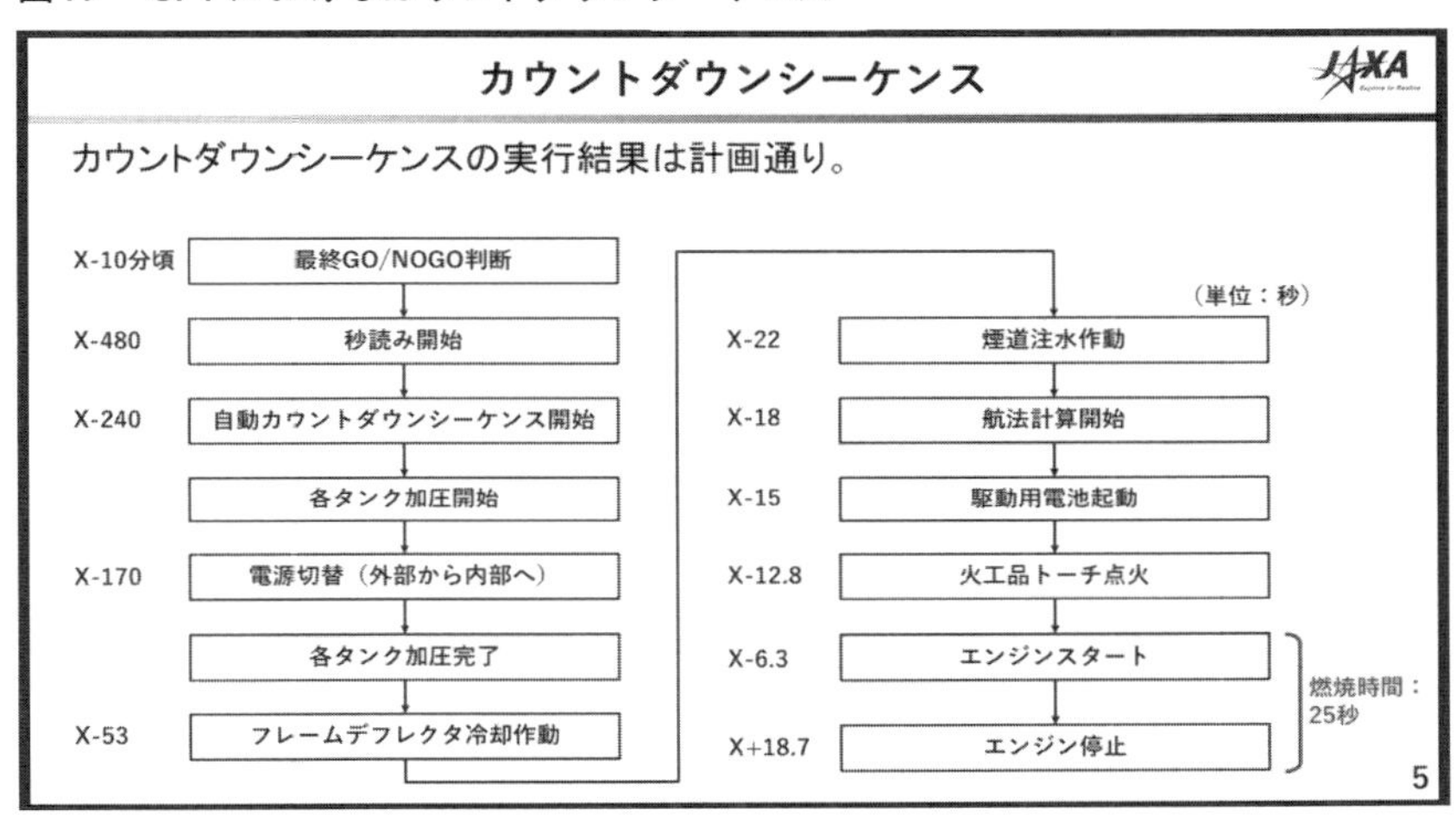

LE-9エンジンはX-0（実際の打ち上げではロケットが上昇を開始する時刻）の6.3秒前に点火し、定格出力に到達したことを確認した上で打ち上げる。CFTでは機体を移動発射台に固定したまま、X+18.7秒まで、合計25秒間燃焼させた。（出所：JAXA）

ムが動作したのは間違いない。ただし、これから詳細に検討していく中で、何か問題点や、手順を詰めていくべき点が見つかる可能性は残っている。今後数日で、基本的なデータがまとまり、2週間後には全体的なデータが整理されて出そろう。そのデータを詳細に分析して、今後のスケジュールを決める」

三菱重工業防衛　宇宙セグメント宇宙事業部技術部　H3プロジェクトマネージャーの新津真行氏は、次のように話す。

「圧力や温度など変化の少ないデータはもう出そろっていて、見た範囲内では事前に想定している通り。音響や振動などの周波数の高いデータはこれから整理する。これらはデータ量も多いので整理に時間がかかる。ただし、それらのデータも上限下限などは予想した範囲に収まっている」(日経クロステック2022年11月11日)

2022年12月23日

国産の次期主力ロケット「H3」、2023年2月12日に打ち上げへ

JAXAは2022年12月23日、JAXAらが開発している次期主力ロケット「H3」試験機1号機(初号機)を、2023年2月12日に打ち上げると発表した(図20)。初号機の構成は、主エンジンの「LE-9」2基、固体ロケットブースター「SRB-3」2基の「H3-22S」となる。

H3は2014年に開発を開始。当初は2020年度の打ち上げを予定していたが、主エンジン「LE-9」のトラブルなどを理由に2度延期。その後、技術的課題を解決して2022年11月7日、事実上の最終試験である第1段実機型タンクステージ燃焼試験(CFT)を終えていた。

図20　ロングフェアリングを装着したH3

機体組立棟（VAB）から姿を現したところ。2022年11月7日に撮影した。（写真：松浦晋也）

大型人工衛星「だいち3号」に課せられた地球観測力

打ち上げ時間帯は日本標準時で2023年2月12日10時37分55秒～10時44分15秒。打ち上げ予備期間として2023年2月13日～2月28日を予定している。打ち上げ後の飛行経路は以下の通り。

太平洋上を飛行し、打ち上げから約1分56秒に固体ロケットブースターを、約3分34秒後に衛星フェアリングを分離。約4分58秒後に第1段主エンジンの燃焼を停止し、約5分5秒後に第1段を分離する。約5分17秒後に第2段エンジンの燃焼を開始。約16分36

図21　三菱電機鎌倉製作所で公開された「だいち3号」

上部の黒い部位は、「広域・高分解能センサー」の開口部。黒いのはダストよけの蓋で、打ち上げ時は取り外す。2022年9月に撮影した。（写真：松浦晋也）

秒後に燃焼を停止し、約16分57秒後に高度約675km、軌道傾斜角98・1度の太陽同期準回帰軌道でだいち3号を分離する（図21）。その後、ロケット第2段をインド洋上へ制御落下させる（図22）。（日経クロステック2022年12月23日）

図22　H3初号機の飛行経路

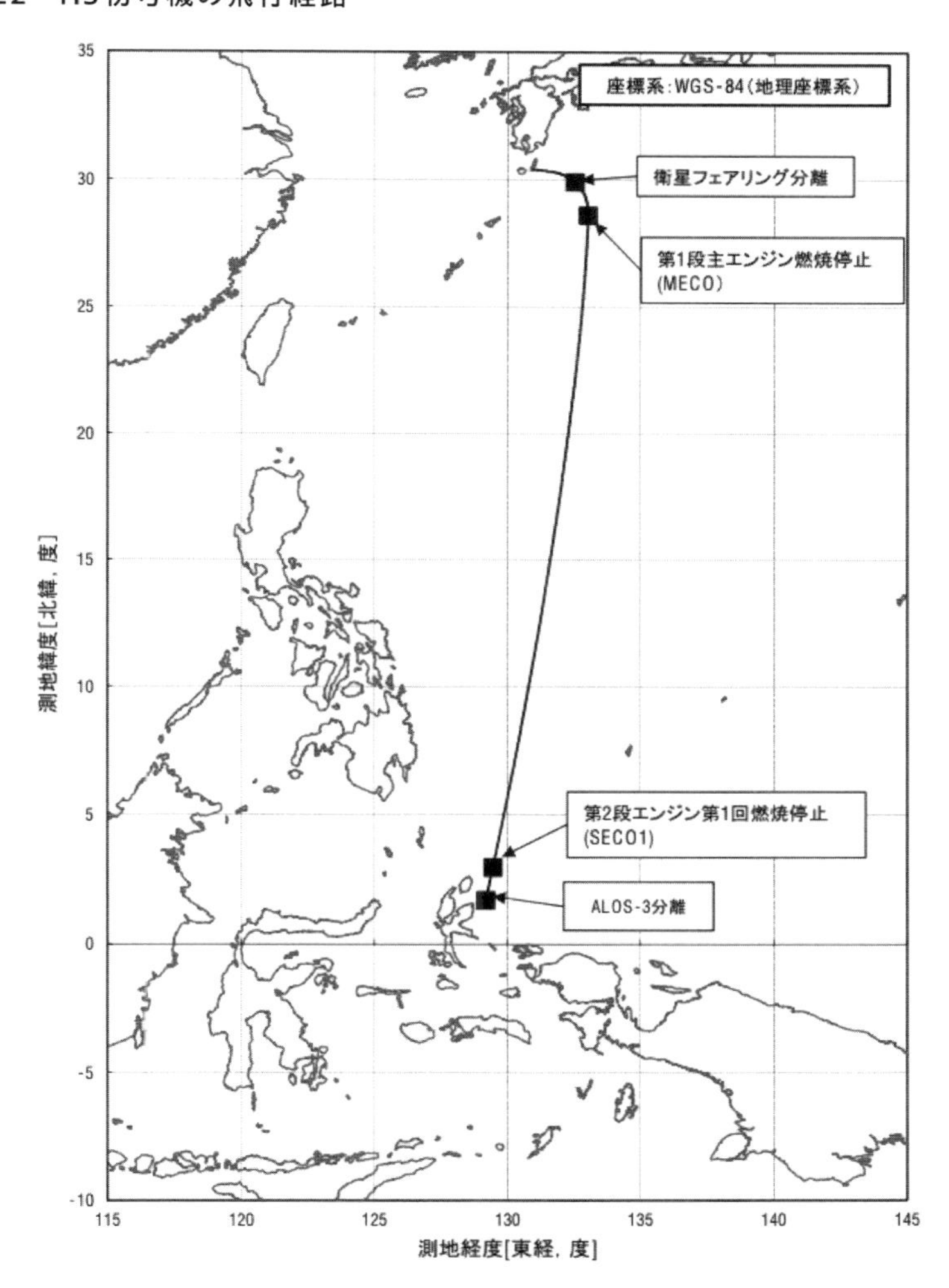

（出所：JAXA）

2023年2月17日(1)

H3ロケット初号機打ち上げ中止、固体ロケットブースター点火せず

JAXAと三菱重工業は2023年2月17日午前10時37分55秒、種子島宇宙センター(鹿児島県南種子町)から新型ロケット「H3」初号機の打ち上げを実施したが、第1段の推力を補助する固体ロケットブースター「SRB-3」に点火せず、打ち上げは中止となった(図23)。

H3はSRB-3なし、SRB-3が2基、同4基の3種類の構成を持つ。初号機はSRB-3が2基の「H3-22S」という構成で、先進光学衛星「だいち3号」を搭載する。離床6・3秒前に1段主エンジン「LE-9」に点火し、正常に主エンジンが立ち上がったことを確認した後、離床0・4秒前にSRB-3に点火して上昇を開始する予定だった(図24)。

今回、予定時刻にLE-9エンジンは点火したものの、SRB-3が点火しなかった。機体はそのまま射点に立っており、機体及び衛星は無事とみられる。次の打ち上げ実施は、今回のトラブ

図23 新型ロケット「H3」初号機

LE-9に点火したものの、SRB-3に点火せず、射点にとどまったままLE-9の噴射煙を噴き上げている。(写真:松浦 晋也)

図24 発射予定時刻直後のH3

(出所:JAXAの中継動画から日経クロステックがキャプチャー)

ルの原因を究明して対策を施してからになる模様。(日経クロステック2023年2月17日)

2023年2月17日(2)

H3ロケット打ち上げ中断、制御装置が異常を検知してSRB-3点火差し止め

2023年2月17日に発生した「H3」ロケット初号機の打ち上げ中止で、JAXAは同日午後2時から記者会見を行い、ロケット第1段の制御機器が何らかの異常を検知して、固体ロケットブースター「SRB-3」への点火信号を差し止めたと発表した。具体的にどのような異常を検知したかは今後の調査が必要となる。

JAXAのH3ロケットプロジェクトマネージャの岡田匡史氏は「初めての打ち上げはこういうことがあるのだなと実感した。たいへん残念。できるだけ早く原因を究明してリカバリーし、3月10日までの打ち上げ期間中に再度打ち上げに臨みたい」と述べた(図25)。

図25　オンライン記者会見で質問に答える岡田匡史プロジェクトマネージャ

（出所：オンライン会見を日経クロステックがキャプチャー）

主エンジン「LE-9」は正常点火するも

H3は第1段搭載の制御装置がカウントダウン最終段階の安全性を担っている。電源から制御系各部までの電流・電圧、配管各部の圧力などを監視し、その全てが正常な範囲内にあると確認。離床（リフトオフ）6・3秒前に主エンジン「LE－9」が点火すると、きちんと規定の推力が発生していることを確認し、その上で初めて離床0・4秒前にSRB－3への点火信号を送出して点火する。固体推進剤は点火すると燃え尽きるまで消火できない。このため、ロケットの事

図26　暫定的な停止の原因

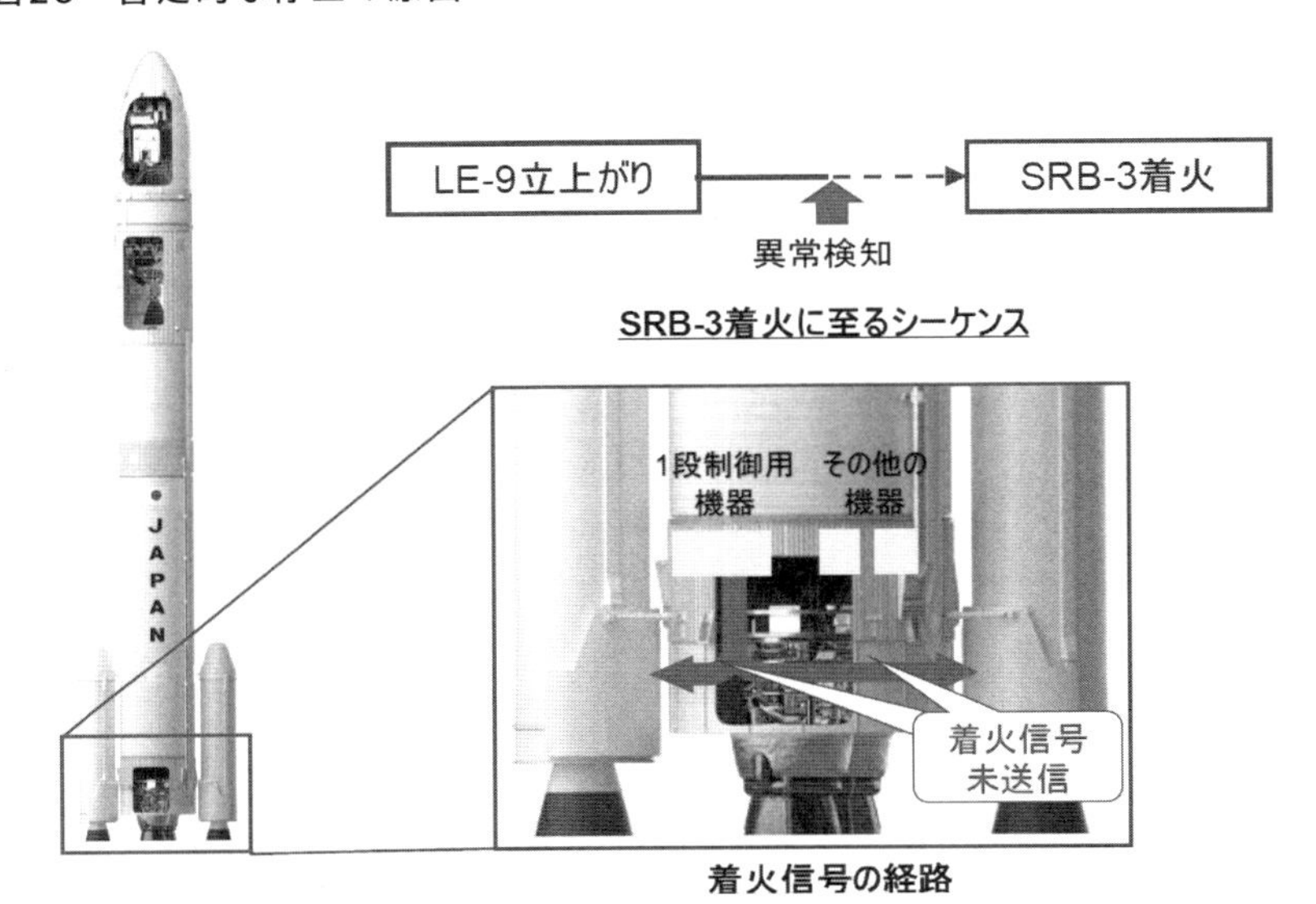

第1段制御装置が異常を検出し、SRB-3の点火信号を送出しなかった。（出所：JAXA）

前に動かせる部分を全て動かし、その健全性を確かめた上で、最後にSRB-3に点火するわけだ。

2月17日の打ち上げでは、同日早朝からの打ち上げ準備作業は「おおむね正常に進行した」（岡田氏）。カウントダウンシーケンスに入ってLE-9は予定通り正常に点火し、規定の推力が発生した。しかし、第1段制御装置がなんらかの異常を検知し、SRB-3の点火信号を発行しなかった（図26）。

このためロケットは離床せず、射点で主エンジンを点火するだけにとどまった。異常を検知する制御機器に問題があったのか、それともその他の機器に異常が発生したのかは、現時点では不明だ。ロケットの全体システムは、異常を検知すると常に安全な状態になって停止するように設計されている。その意味では、今回の打ち上げ中断は安全設計が正常に動作した結果だった。

具体的な停止の原因の究明は現在進行中。今後は初号機の機体から液体酸素・液体水素の推進剤を抜いて、機体を機体組立棟に戻す。同時並行で電気系・制御系の設計をチェックしており、必要に応じて機体の検査も実施する。原因を突き止めれば、必要な対策を行い、その上で次の打ち上げ日を設定する。(日経クロステック2023年2月17日)

2023年2月22日

H3初号機打ち上げ中断、切れていた1段エンジン制御装置への電力供給

JAXAは2023年2月22日、次期主力ロケット「H3」が2月17日に打ち上げを中断した原因などの調査状況を、文部科学省の「宇宙開発利用に係る調査・安全有識者会合」に報告した。[4)]

4) 参考資料「宇宙開発利用に係る調査・安全有識者会合(令和5年2月22日開催)議事録」(文部科学省)

ＪＡＸＡの報告によると、打ち上げ約０・４秒前に第1段エンジン「ＬＥ-９」を制御する「エンジン・コントロール・ユニット」（ＥＣＵ）という機器の電源が落ちたために発生したと判明した。電源が落ちた理由は不明だ。今後、究明作業を進め、事前に設定した打ち上げ期間である２０２３年3月10日までの再打ち上げを目指す。

制御機器が連携して機体を打ち上げる

Ｈ３は打ち上げ２４０秒前から自動カウントダウンシーケンスがスタートし、地上設備系とロケット搭載系とが協力して自動的に打ち上げ準備を進めていく。

Ｈ３の機体内には、様々な制御用電子機器が３種類のネットワーク配線でつながれて搭載してある。［１］地上設備との信号をやり取りする地上制御系ネットワーク［２］機体各部の状態を計測するセンサーの信号が通る計測系ネットワーク［３］機体各部の動作を制御する制御系ネットワークだ。打ち上げ時の動作で中核となるのは、制御系ネットワークにつながる機器である（図27）。

図の第1段側に記入されている「１段機体制御コントローラー（Ｖ-ＣＯＮ１）」でトラブルが発生した。

制御系ネットワークの中心は、第2段に搭載する「2段機体制御コントローラー（Ｖ-ＣＯＮ２）」という機器だ。自動カウントダウンシーケンスから打ち上げミッションの終了まで、全体の

図27 H3の搭載機器の概要

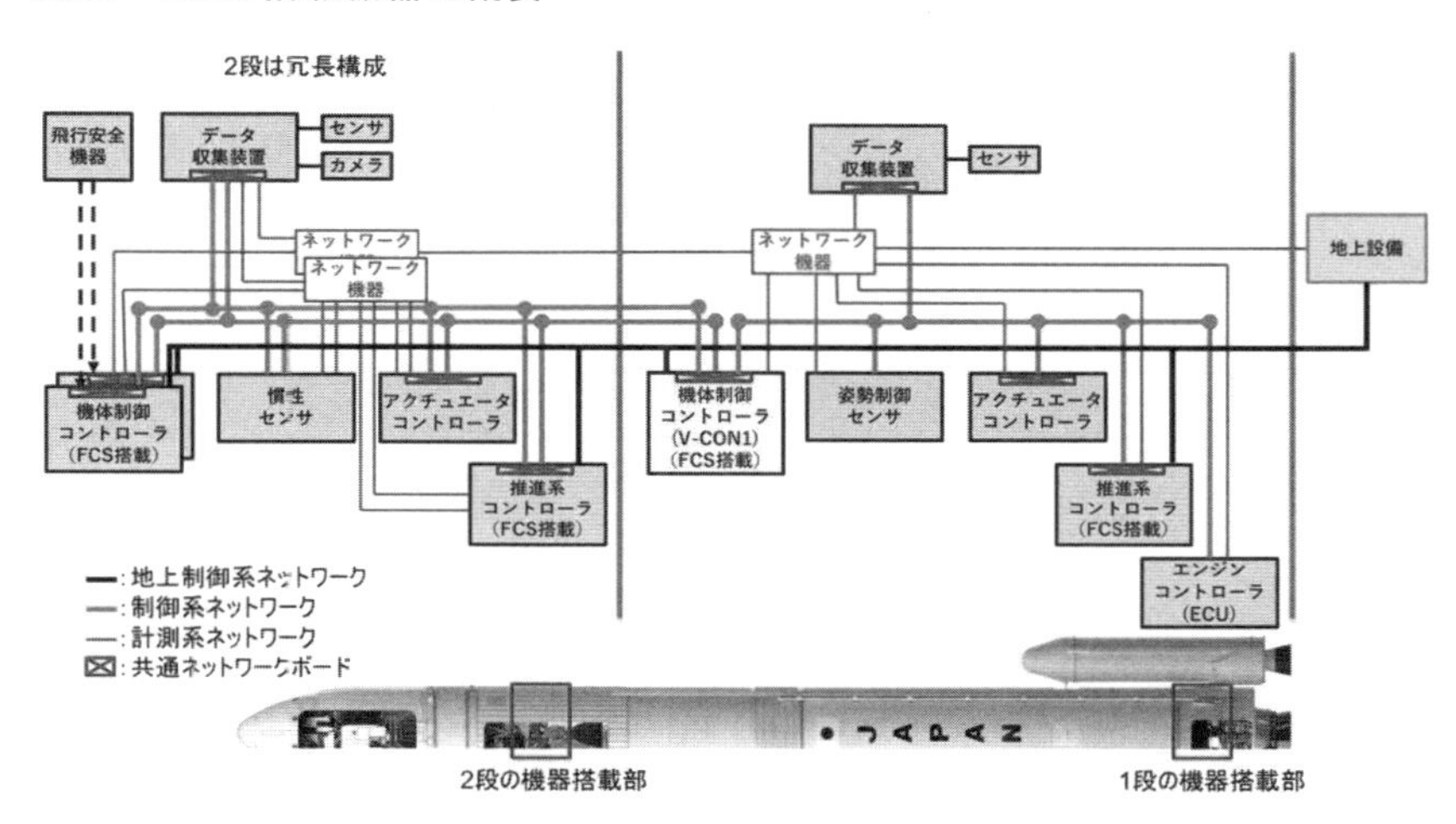

3種類のネットワークが機体内に張り巡らされている。機体制御系の中心となるのは一番左側にある2段機体制御コントローラー（図には書き込まれていないが、V-CON2という略称を持つ）。FCSとはFlight Control Software（飛行制御ソフトウエア）の略。打ち上げ時の機体の制御を実行するソフトウエアで、各段の機体制御コントローラーと推進系コントローラーという機器に分散して搭載してある。（出所：JAXA）

動作を監視して制御するロケット全体の「頭脳」というべき制御機器である。このV-CON2の監視・制御下で、V-CON1が第1段機体を制御する。

打ち上げ約6・3秒前に、V-CON1からの信号を受けたECUが第1段エンジン「LE-9」を起動する。続いて打ち上げ前約0・4秒の時点で、ロケット第2段のV-CON2が、機体の状況が事前に設定した打ち上げ条件を全てクリアしているか否かを判断する。例えば、「LE-9推力が90%以上まで立ち上がっているか」などを判断する。

打ち上げ条件をクリアできていれば「フライトロックイン（F

LI：打ち上げ条件成立)」という信号を発行する。この信号を受け取った第1段のV‐CON1が固体ロケットブースター「SRB‐3」の点火信号を発行。SRB‐3が点火して、H3ロケットは離床を開始する。

V‐CON2による打ち上げ条件クリアの判断とFLI信号の発行、その信号を受けてのV‐CON1によるSRB‐3の点火は、打ち上げ約0・4秒前に、ミリ秒間隔で連続する。

LE-9エンジンを制御するECUの電源が落ちた

2023年2月17日の打ち上げでは、自動カウントダウンシーケンスは打ち上げ約0・4秒前のFLI信号発行まで正常に進行した。ところがまさにその時、V‐CON1がECU電源系の電圧が0になったのを検知して、打ち上げ条件不成立として打ち上げを中断した(図28)。

ECUの電源系は2系統の冗長構成になっていて、電圧が0になったのはそのうちの1系統。このためECUの動作は止まることなく、V‐CON1の打ち上げ中断という判断に従って、LE‐9エンジンを正常なシーケンスで停止させた。電源系1系統の電圧ゼロの状態は数秒持続し、このLE‐9停止シーケンスの途中で電圧は復活した。

ECUの電源は、V‐CON1が管理している。V‐CON1の内部には半導体スイッチが搭載してあり、これでECUの電源をオンオフする。半導体スイッチを制御しているのはV‐CON1内に搭載した専用の「FPGA」(Field Programmable Gate Array)で、このFPGAは地上系

図28 V-CON1で具体的に何が起きたかの解説

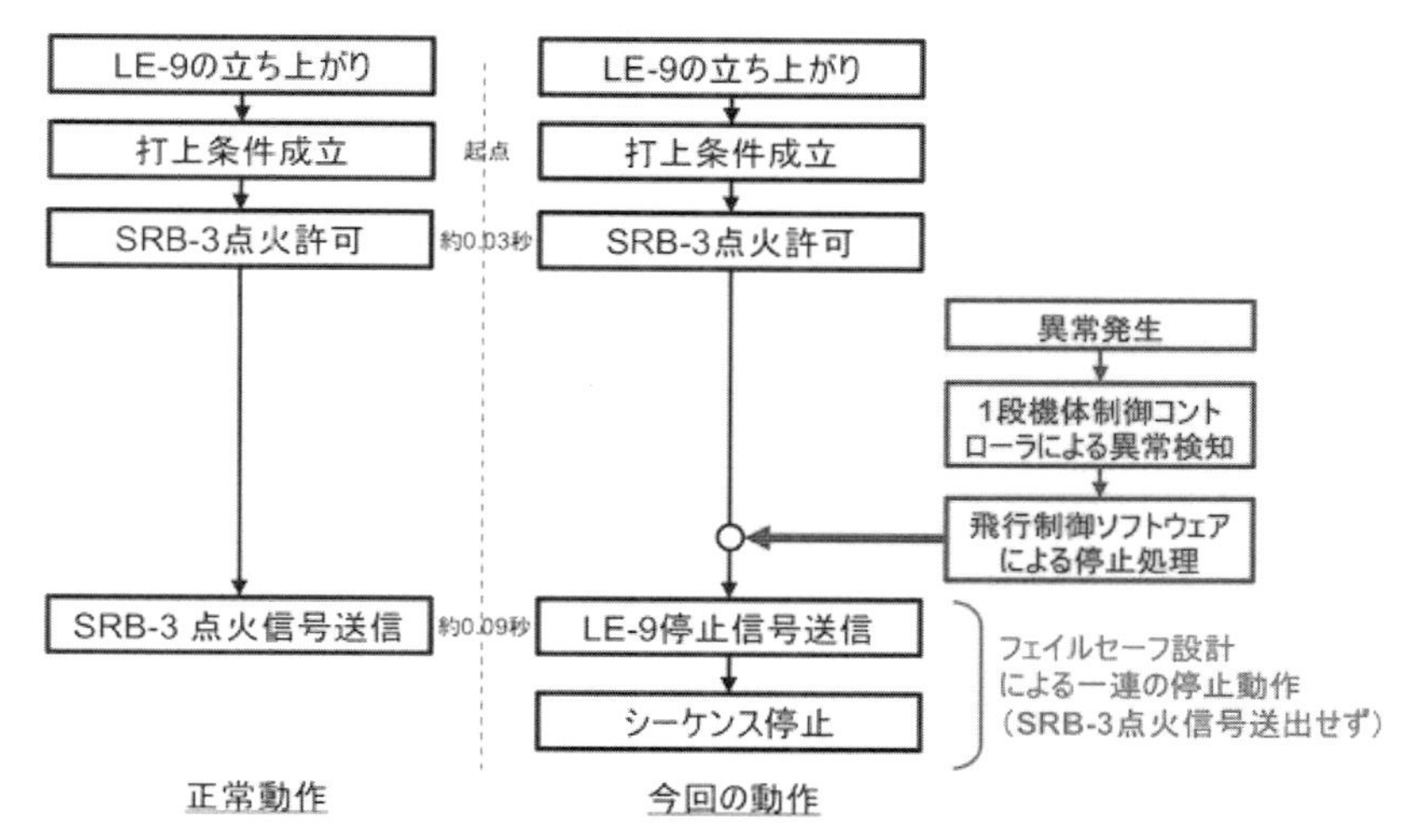

何が起きたかを示す時系列のチャート。打ち上げ条件が成立して、V-CON2がFLI成立を判断してFLI信号を発行。その信号がV-CON1に届き、正常ならSRB-3を点火することになっていた。しかし、SRB-3点火の直前にV-CON1はECUの電源断を検出して打ち上げを中止した。（出所：JAXA）

ともつながっている。

ＪＡＸＡの調査で、電圧がゼロに落ちたのは、電圧計測系の誤検知ではなく、実際に電圧が0になる事象が起きたことが確認できた。ＥＣＵの電源が切れた原因としては、ＦＰＧＡないしは半導体スイッチの誤動作が一番疑わしい。

しかし、これまでの、射点上でＬＥ-９エンジンを噴射する「実機型タンクステージ燃焼試験」（ＣＦＴ　２０２２年11月７日に実施）などの燃焼試験で、同様の事象は起きていない。

3月10日までに打ち上げられるか

H3は、現行のH-ⅡAと比べると、エンジンノズルの首振り(ジンバリング)など機体各部の動作に電動機構を多く採用している。このため高電圧・大電流の強電機器も搭載しており、打ち上げ作業ではそれらのオンオフも行う。強電機器の動作で発生したノイズが、弱電機器であるFPGA、あるいは半導体スイッチの誤動作を誘発した可能性もある。

現状でJAXAは「予断を持たずに様々な試験を行っている」(JAXA H3プロジェクトマネージャの岡田匡史氏)段階だ。試験は、[1]種子島宇宙センターで初号機の機体をそのまま使っての試験[2]搭載機器メーカーに残る機器開発時の試験品を使った搭載機器単体の試験[3]開発で使用したシミュレーターを使用しての機体制御システム全体の試験――の3種類を並行して実施している。

種子島宇宙センターでは、原因究明のための試験と同時に、再打ち上げに向けた機体の整備が続いている。設定されている打ち上げ期間は、2023年3月10日まで。打ち上げ期間の設定は、ブースターや第1段が落下する海域への航路情報の発行や、地元の漁協との調整など関係各組織と多岐にわたって調整する必要がある。このため原因究明と対策が遅れて同年3月10日までの打ち上げが不可能になった場合も、簡単には延長できない。

打ち上げ予定日の2日前には地元及び関係各機関への通告が必要となるので、タイムリミットは２０２３年３月８日に打ち上げ日を同年３月10日と設定するケースとなる。ただしこの場合、天候の変化に対応するための予備日がゼロとなってしまうので、実質的なタイムリミットはもっと早まる模様だ。（日経クロステック２０２３年２月24日）

２０２３年３月３日

Ｈ３は３月６日に再打ち上げへ、前回の中断は地上系離脱時のノイズが原因

ＪＡＸＡは２０２３年３月３日、次世代主力ロケット「Ｈ３」初号機の打ち上げを同年３月６日午前10時37分55秒～10時44分15秒の間に設定すると発表した。打ち上げ予備日は同年３月10日まで。

Ｈ３初号機は２０２３年２月17日に打ち上げ作業を実施したものの、打ち上げ直前に第１段エンジン「ＬＥ-９」を制御する電子機器「エンジンコントローラ」（ＥＣＵ）の電源が落ちるというトラブルが発生して、打ち上げを中断した。

ＪＡＸＡと三菱重工業はその後、トラブルの原因を究明。地上系とロケットの間を結んでいる電気系配線が打ち上げ直前に、ロケット本体から離脱する際に発生する電位の変動がノイズになり、その影響で第１段の機体全体を制御する機体制御コントローラー「Ｖ-ＣＯＮ１」内部の制御ＦＰＧＡ（Field Programmable Gate Array）が誤動作を起こしてＥＣＵの電源スイッチを切ってしまったと判明した。

対策として、電気系配線離脱時に発生する電位変動が小さくなるように地上系の動作シーケンスを変更し、その妥当性を確認した。２０２３年3月6日の打ち上げでは、同年3月5日夕刻にＨ３の機体を射点に据え付けてから、最後に実機を使って対応策が適正か否かを検証して万全を期する。

スイッチ切断時のノイズが誤動作による電源断を誘発

射点において地上とロケットの電気系統は、第1段、第2段共にアンビリカルケーブルでつながっている（図29）。このケーブルはロケットに電力を供給する配線と、ロケットと地上系の間でデータやコマンドをやり取りする配線が束ねてある。ケーブルは打ち上げ時に物理的に脱落して離脱するが、その直前に地上系側の回路に挟んでいるスイッチでケーブルに流れている信号や電力を遮断する。

第1段では、Ｖ-ＣＯＮ1内の制御用ＦＰＧＡが、アンビリカルケーブルを介して地上設備と

図29 第1段アンビリカルのケーブル接続部

第1段底部で接続している。(写真:JAXA)

つながっている。制御用FPGAは、ECUと第1段搭載の電池との間の半導体スイッチを制御する仕組みとなっている。

2023年2月17日の打ち上げでは、アンビリカルケーブルの物理的離脱に先立つスイッチによる電力と信号の遮断によって配線内に電圧変動のノイズが発生した。そのノイズがV-CON1の誤動作を誘発。その結果、ECUの電源をオン/オフする半導体スイッチを切ってしまった(図30)。

対策としてアンビリカルケーブルを通る配線のスイッチを切るタイミングを変更した。これまでは全部の配線のスイッチを同時に切っていた。すると各配線のノイズが干渉し合う。干渉した結果の波形が、今回は制御用FPGAの誤動作を起こしていた(図31)。

図30　2023年2月17日に起きた打ち上げ中断の分析

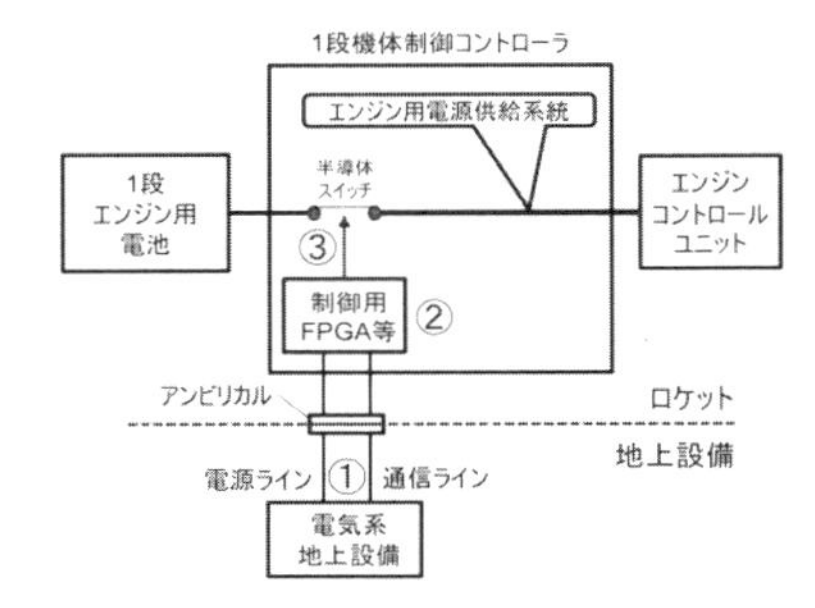

打ち上げ時にはロケットと地上設備の間を結ぶアンビリカルのケーブルが離脱する。それに先だって電気系地上設備内のスイッチが、アンビリカルのケーブル内を流れる電流および信号を遮断する。スイッチによる遮断時に発生した電圧変動がノイズとなって制御用FPGAの誤動作を引き起こし、ECU電源の半導体スイッチを切断してしまった。(出所：JAXA)

図31　地上系スイッチの動作に施した対策

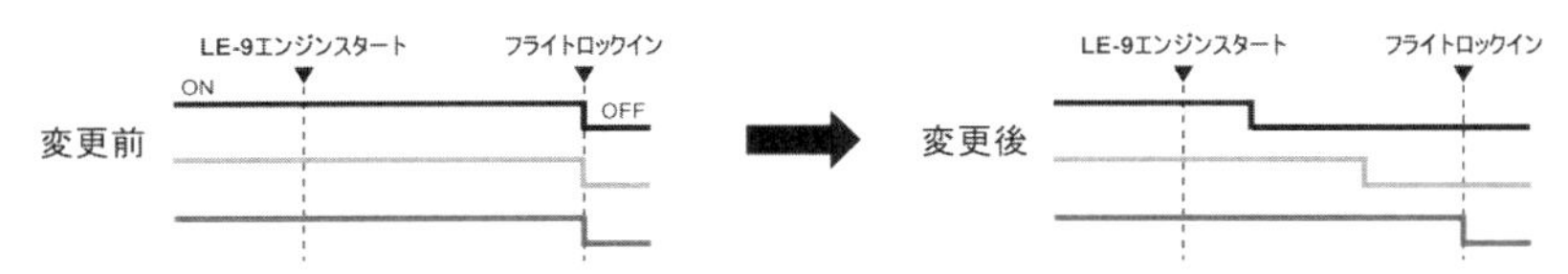

これまで打ち上げ条件成立 (フライトロックイン)と同時に、アンビリカル内配線のスイッチを同時に遮断していたが、それをミリ秒単位の時間差をつけて遮断するようにした。(出所：JAXA)

そこで、ミリ秒単位の時間差をつけて順々にスイッチを切っていくように変更した。スイッチを切る際にどうしても電圧変動は発生する。時間差をつけてスイッチを切って、電圧変動の波形パターンがV-CON1に誤動作を引き起こさないようにした。

「今回の打ち上げ中断は重大な事態だった。それに対して地上系の動作変更で対応できたのは良かったと思っている」(JAXA H3プロジェクトマネージャの岡田匡史氏)。

仮に悪天候などの理由から、打ち上げ予備日の2023年3月10日までに打ち上げられなかった場合は仕切り直しとなる。改めて、海路・空路やロケットの落下する海域で操業する漁業関係者と折衝することになる。(日経クロステック2023年3月3日)

2023年3月6日

H3ロケット打ち上げ、天候不順で3月7日に再延期

JAXAは、2023年3月6日に予定していた新型ロケット「H3」の再打ち上げを、翌日の3月7日に変更すると発表した。天候を考慮した結果、3月6日の気象条件が整わないと予想さ

れたため。打ち上げ時間帯は、10時37分55秒～10時44分15秒で当初予定と同じ。

H3ロケットは当初、2023年2月17日に打ち上げを実施したが、固体ロケットブースター「SRB-3」に点火する直前に、第1段エンジン「LE-9」を制御する電子機器「エンジンコントローラー」(ECU)の電源が落ちるというトラブルが発生して、打ち上げを中止していた。

その後のJAXAと三菱重工業による調査で、打ち上げ直前に地上系とロケットの間を結んでいる電力・信号系の配線を電気的に遮断する際に電位変動のノイズが発生し、これが機体制御コントローラー内の制御FPGA(Field Programmable Gate Array)の誤動作を引き起こして、ECUの電源スイッチを切ってしまったと判明。JAXAは、同年3月3日に原因調査の結果と対策を公表し、3月6日に再打ち上げを実施すると発表していた。(日経クロステック2023年3月6日)

２０２３年３月７日

H3ロケット初号機打ち上げに失敗、地球観測衛星「だいち3号」軌道に投入できず

ＪＡＸＡは２０２３年３月７日午前10時37分55秒、鹿児島県の種子島宇宙センター（鹿児島県南種子町）から「Ｈ３」ロケット初号機を打ち上げたが、第２段エンジン「ＬＥ-５Ｂ-３」が着火せず打ち上げは失敗した（図32）。同初号機は、地球観測衛星「だいち３号」を搭載していた。

ブースターと第１段エンジン「ＬＥ-９」では軌道に乗る十分な速度が得られないため、ＪＡＸＡはミッション達成の見込みなしと判断。午前10時52分ごろに指令破壊コマンドを送信した。第２段と衛星は、第１段と同じ海域に落下したと思われる。

図32　上昇するH3ロケット初号機

（写真：松浦晋也）

2023年3月8日

「打ち上げ失敗の原因は半導体の不具合などが多い印象」、JAXA名誉教授の的川氏

「初号機打ち上げの時はできる限りチェック・アンド・レビューを実施する。チェックしきれない部分も残るが、チェックしていないのが理由で失敗するケースはあまりない。(打ち上げに失敗するのは)半導体がうまく働かなかったとか、機械に不良品があったといった理由が多い気がする」

日本記者クラブが2023年3月8日に開催した国産ロケットに関する勉強会で、講師を務めたJAXA名誉教授の的川泰宣氏は、ロケットの打ち上げ失敗に関する個人的な印象としてこう語った(図33)。

図33　JAXA名誉教授の的川泰宣氏

（出所：オンライン勉強会の映像を日経クロステックがキャプチャー）

「私が記者なら質問したかった」

勉強会では、日本のロケット開発を切り開いた故糸川英夫氏と発射場を選ぶ時のエピソードや、JAXAの名称が決められた過程などを交えて、日本の国産ロケットの歴史を概説。その後、報道陣の質問に答えた。報道陣からは、勉強会前日の2023年3月7日に失敗に終わったH3ロケットの打ち上げに関する質問が集中した。

初号機打ち上げの難しさについて聞かれた際の回答が冒頭のコメントだ。的川氏は、「1980年代までは、初めての部品やコンポーネントを使っているので、初号機が怖かった。現在は初号機だから大変ということはあまりない。(H3初号機が、人工衛星の)『だいち3号』を積載したと聞いても、『いきなり載せた』という印象はなかった」と話した。

この他、H3ロケット初号機の打ち上げ失敗について、「第2段(エンジンの「LE-5B-3」)が着火しなかったとしか知らないが」と断った上で、2023年3月6日にH3初号機の打ち上げを延期した原因に言及。*10「(H3ロケットの)第2段は多少回路が変わっているくらいで、ほとんど(前モデルの)H-IIAと同じ部品が使われている」点に触れ、「(H3の)第2段に着火させる際、制御系から出した『着火しろ』という命令を受け取った側がある。この受け取った側に新しい回路があったのか、第1段と第2段で共通した設計のやり方があったのか。私が記者なら質問したかった」と語った。*11

「H3がH-IIAよりコストダウンを図った改変の影響は考えられないか」という質問には、「あまりないだろう。自動車部品などが使われていると聞いているが、(使用する部品の動作や性能について)チェックはするので、そういう点は問題なかったのに発生した事故と認識している」との見方を示した。

H3打ち上げ失敗の背景については、「JAXAが自転車操業になっているのではないか。十分に人員を割けないという状況があるとしたら、それは大変困った状況だ」との不安を述べた。

H3打ち上げ失敗の今後への影響について質問され、「個人的には、H-IIAの打ち上げ計画に影響しないか」と憂慮していることを明かした。JAXAは現在、火星衛星探査計画を進めているが、H3の打ち上げ失敗の影響で火星衛星探査機をH-IIAで打ち上げられないとなると、「火

*10 ロケット本体から離脱する際に発生する電位の変動がノイズになり、その影響で第1段の機体全体を制御する機体制御コントローラー「V-CON1」内部の制御FPGA(Field Programmable Gate Array)が誤動作を起こしてECUの電源スイッチを切ってしまった。

*11 勉強会が開かれたのと同日の2023年3月8日、文部科学省が開いた「宇宙開発利用に係る調査・安全有識者会合」でJAXAは、[1]第2段のアビオニクス(電子機器類)から正常に第2段エンジンの点火信号が発行され、第2段エンジンが点火信号を正常に受信した[2]第2段の電源に何らかの異常があった、という2点を明らかにした。

星への打ち上げは2年に1度しかチャンスがない。2年待つことになれば、せっかくのチャンスを逃しかねない」（的川氏）。

「あるレベルの事故はしょうがないと考えるのが合理的」

「日本は打ち上げが失敗した時の原因究明の進め方が、海外に比べて遅くないか」との質問には、「原因究明の進め方は、根本的な道筋は同じ。ただし、失敗や不具合に対する考え方が異なる」と指摘した。

フランスArianespace（アリアンスペース）のロケット打ち上げ責任者が打ち上げに失敗した当日、「ロケットは失敗するものだから」と言って、近隣の海で泳いでいる場面を目撃したエピソードを紹介。「日本ではあり得ない」とした上で、「部品の性能は格段に上がっているが、ロケットは飛行機に比べても部品点数がものすごく多いので、その分、どうしても信頼性は落ちる。世界最高のロケットの成功率は0・98程度。決定的なミスでない限り、あるレベルの事故はしょうがないと考えるのが合理的かもしれない」との見解を示した。

信頼性については、内閣府の宇宙政策委員会の会議が「だいたい非公開」という点に言及。「（ロケット開発に関わる情報は）透明感のある発表にしてもいいのではないか。そうすれば国民も安心できる」と語った。

宇宙開発に取り組む国の姿勢についてはこの他、「お金がかかるけれども国の体面に関わるから取り組んでいるのかもしれない」との印象を述べた。また、宇宙開発に携わってきた立場から、「多額の予算が費やされる軍事に代わって、平和に資するものとして宇宙開発が認識され、日々の生活に不可欠と考えられるようになってほしい」との希望を語った。（日経クロステック2023年3月9日）

2023年3月16日

H3打ち上げ失敗、過電流を自己診断プログラムが検知して電源を遮断か

ＪＡＸＡは2023年3月16日、文部科学省の「宇宙開発利用に係る調査・安全有識者会合」で、同年3月7日に打ち上げに失敗した次期主力ロケット「Ｈ3」初号機の事故調査の経過を報告した。[5]

Ｈ3初号機は、第1段分離までは正常に飛行したが、第2段エンジン「ＬＥ-5Ｂ-3」が着火せず、打ち上げに失敗した（図34）。ＪＡＸＡの報告によると、第2段の制御系がエンジン起動に

5） 参考資料「宇宙開発利用に係る調査・安全有識者会合（令和5年3月16日開催）議事録」（文部科学省）

図34　打ち上げの概要

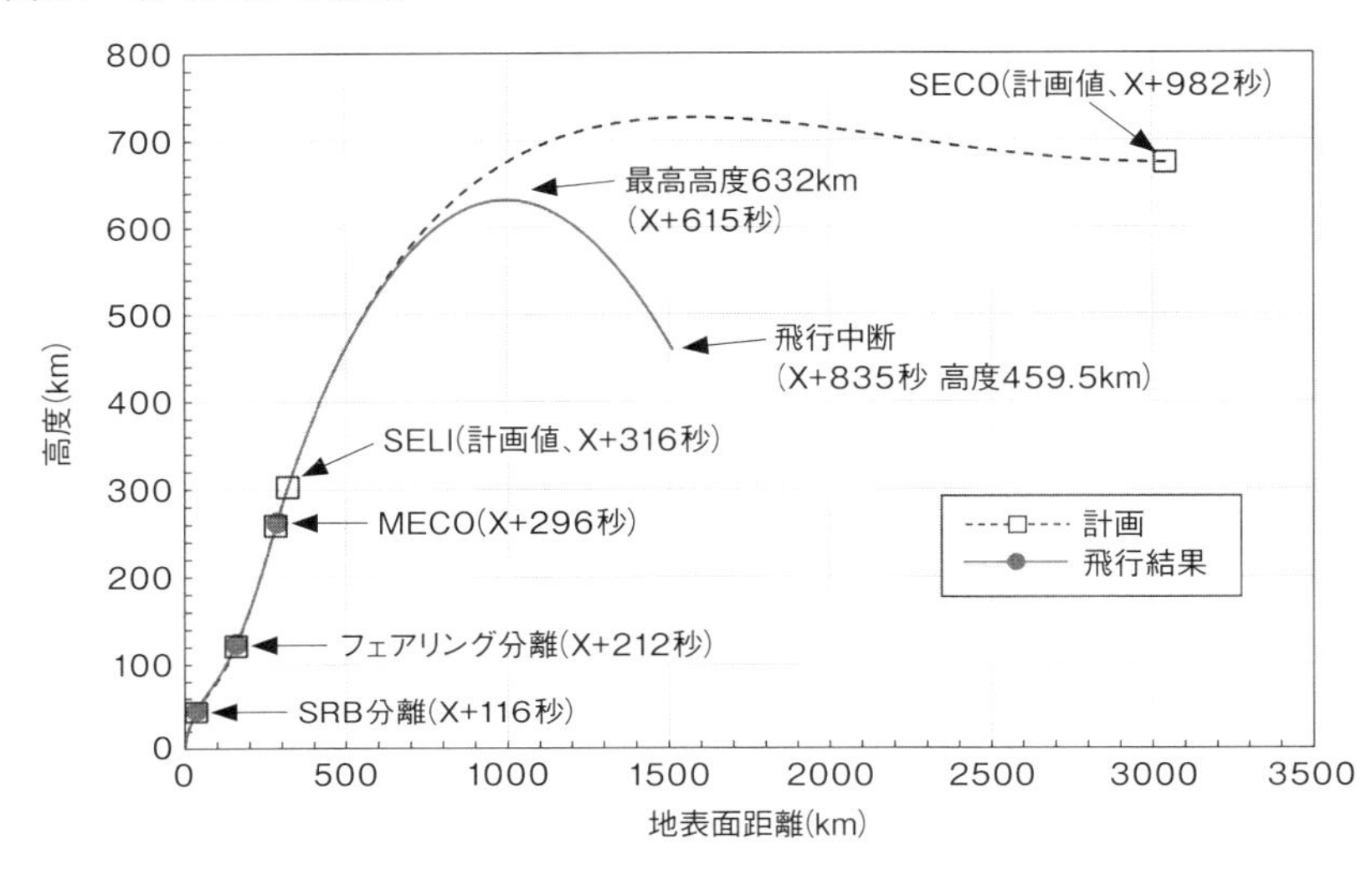

第2段が点火しなかったので、衛星を搭載した第2段は弾道飛行で最高点に達した後に落下した。MECO：第1段主エンジン燃焼停止、SELI：第2段エンジン立ち上がり検知、SECO：第2段エンジン燃焼停止を意味する。(出所：JAXA)

使う電力系に過電流を検知して、電源を遮断したと判明した。

回路の短絡などで本当に過電流が発生したのか、それとも制御系の誤検知かは現状では不明だ。今後JAXAは、既に完成しているH3の2号機機体や、開発時に使用した試験モデルを使って実験を実施して、第2段電源系の詳細な分析を進める。

H3の第2段エンジンを制御する仕組みは以下の通りだ。第2段エンジンは、大きく「電気系」「2段エンジン系」の2系統がそれぞれ情報の流れの上流と下流を担う構成で制御されている。

電気系は機体に搭載されてお

図35　H3第2段の機体を制御する電気系とエンジン系の関係

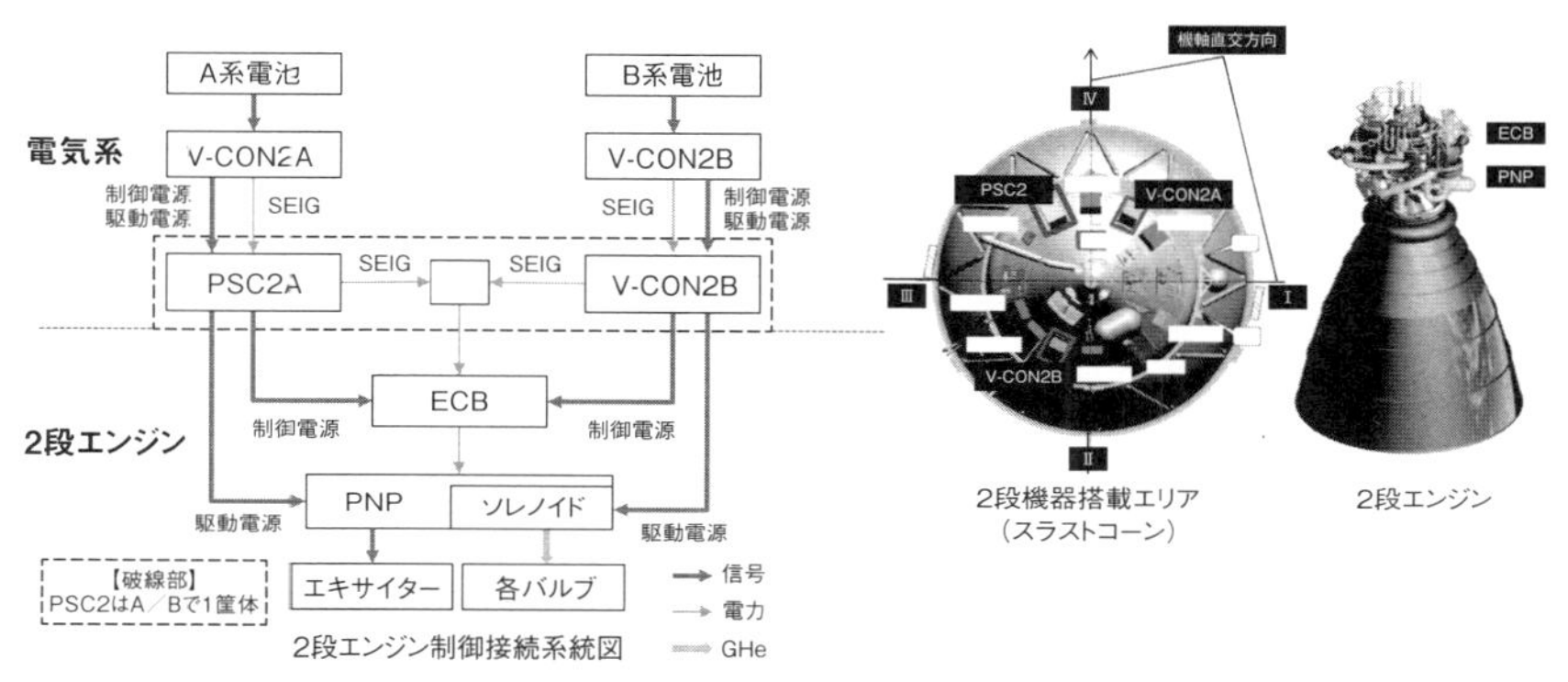

電気系はA系とB系から成る二重の冗長構成になっていて、冗長系を持たないエンジン系を制御する。（出所：JAXA）

り、機体の姿勢を保ちつつ飛行を制御するもの。同時にエンジンで使用する電力を監視・制御する。2段エンジン系は第2段エンジンに搭載されていて、電気系から届くコマンドに応じて実際のエンジンの動作を担う。

電気系は、A系とB系の冗長構成で信頼性を確保している（図35）。いずれの系統も同じ構成で同じ動作をする。通常はA系が機体を制御し、A系にトラブルが発生した場合にはB系に切り替わる。

それぞれの系統はいずれも機体全体を制御する「2段機体制御コントローラ」（V-CON2）を頂点に、その下にエンジンを制御する「2段推進系コントローラ」（PSC2）が付き、エンジン系への動作の指示と電源の監視・管理を行っている。

電源は低圧の「制御電源」と高圧の「駆動電源」の2系統だ。制御電源は第2段エンジン系の電子機器を駆動する。駆動電源はエンジン着火系(エキサイタ)やエンジン回りの高圧ガス配管のバルブを動かすソレノイド、噴射方向を制御するアクチュエーターなどを駆動する。

2段エンジン系は、「コントロールボックス(ECB)」と「ニューマティックパッケージ(PNP)」[*12]から成る。ECBはエンジン単体についての〝頭脳〟だ。PSC2からの信号を受けてエンジン全体を制御する。PNPは決め打ちのシーケンスでバルブやスイッチ、エキサイタ(ガソリンエンジンでいうプラグに相当)などを動かすシーケンサーだ。ECBからのコマンドでエンジンの点火機構や配管各部のバルブへの電流オン/オフを適切なタイミングで行う。

自己診断プログラムが過電流を検知して電流を遮断

第2段エンジン着火のシーケンスは通常、以下の手順で進む。

[1]飛行全体を管理・制御するV-CON2が、第1段と第2段の分離を検知し、第2段エンジンの着火信号(SEIG)を発行する。

[2]着火信号を受け取ったPSC2は、電源を監視しつつ、エンジン系の制御をつかさどるECBに着火信号を伝達する。このためにPSC2には電源を監視する自己診断プログラム「BIT(Built-In Test)」が走っている。

[3]ECBは、エンジンの動作シーケンスを担うPNPに動作を指示。

*12 PNP:2段エンジンのバルブを駆動する高圧ヘリウムガス配管のバルブ動作や、エンジンを点火するエキサイタ―の動作を制御する装置。PNPを含む2段エンジン系はH-IIAロケットと共通の設計。そこでJAXAは、次に打ち上げるH-IIA47号機では、短絡力所の候補として浮上した9カ所全てに短絡を防ぐ対策を施した。

［4］ＰＮＰは内蔵したシーケンスに従ってバルブを開き、エキサイタに通電してエンジンを着火する。

この途中で何か異常が検出された場合は、制御の主体がＡ系からＢ系へと切り替わる仕組みになっている。

2023年3月7日の打ち上げでは、第2段エンジンの着火は以下のような流れで失敗に終わった。まず、機体制御コントローラＶ-ＣＯＮ2からの着火信号（ＳＥＩＧ）の発行と、推進系コントローラＰＳＣ2の着火信号の受信は正常に行われた。

それを受けてＰＳＣ2は、エンジン系のＥＣＢに着火信号を伝達した。しかしその直後にＡ系とＢ系の両方でＰＳＣ2の自己診断プログラムＢＩＴが、駆動系電源にあらかじめ設定した閾値以上の異常な電流が流れるのを検知。自己診断プログラムはＰＳＣ2下流のエンジン部への電流を遮断し、同時にＡ系からＢ系へと切り替えた。この時、ＥＣＢを動かす制御系電源は正常な状態を保っていた。

駆動系電源を遮断したために、駆動系電源の電圧はＡ系、Ｂ系共に降下してゼロになった。エンジン主配管を開通するエンジンバルブが開かず、打ち上げは失敗した。

絞り込まれた3つの可能性

ＪＡＸＡは打ち上げ時に受信していた第2段着火時のテレメータデータ[*13]から、全ての可能性を列挙した上で事故原因を絞り込む故障の木解析（ＦＴＡ）を実施。その結果、大きく３つの可能性が浮上した。

［１］駆動系電源での短絡の発生［２］エンジン着火動作シーケンスにおいて一時的に過大な電流が流れた可能性［３］自己診断プログラムでの異常判定の閾値設定のミス――だ。

［１］は駆動系電源の配線が打ち上げ時の振動などでこすれて被覆を損傷した場合に発生し得る。［２］は、エンジン各機器の動作の正常動作の範囲内での電力利用がたまたま重なった結果、自己診断プログラムの検出閾値を踏み抜いてしまった場合だ。［３］は、そもそも自己診断プログラムの異常検出閾値の設定を設計段階で間違ったケースである。［２］と［３］はお互いに関連しているとも言える。

Ｈ３初号機第2段は打ち上げ前の２０２３年3月2日に、全電気系とバルブなどのエンジン系を実際の飛行シーケンス通りに動作させる試験を実施。その時、異常は確認されなかった。打ち上げ時に試験とは違う現象が起きたのは明らかだ。実際の飛行時に何が起きたのかは、まだ完全には明らかになっておらず、今後の調査結果を待つことになる。（日経クロステック２０２３年3月24日）

＊13　テレメータデータ：遠隔で自動収集したデータ。

2023年4月27日

H3ロケット打ち上げ失敗、電力回路の短絡が原因か

JAXAは2023年4月27日、文部科学省の「宇宙開発利用に係る調査・安全有識者会合」で、同年3月7日に打ち上げに失敗した次期主力ロケット「H3」初号機の事故調査の経過を報告した。[6] 第2段エンジン「LE-5B-3」に付属する「ニューマティックパッケージ」(PNP)という装置内部での短絡が打ち上げ失敗原因の最有力候補として浮上した。

2023年3月7日に打ち上げられたH3初号機は、第1段分離までは正常に飛行したが、第2段エンジンLE-5B-3が着火せず、打ち上げに失敗した。

同月16日の同会合では、第2段の電気系に組み込まれた自己診断プログラム(BIT:Built-In Test)が、エンジン起動に使う電力線に過電流が流れたのを検知して電源を遮断したために、LE-5B-3が着火しなかったことが明らかになっていた。

その後の事故調査の結果、当初は事故の原因である可能性が高いとされていた電気系自己診

6) 参考資料「宇宙開発利用に係る調査・安全有識者会合(令和5年4月27日開催)議事録」(文部科学省)

断プログラムの誤動作・誤検知や設定ミスは否定された。代わって、LE-5B-3の配管バルブや、点火用の電気火花を発生させるエキサイタ(点火装置)などの動作をつかさどるPNP内部での電力回路の短絡が最有力候補として浮上した。

JAXAとしては、PNP内部の特に第2段制御系が第2段エンジン着火信号(SEIG)を発行した後に動作する部位で短絡が起きた可能性が最も高いとして、集中的に調査する。

一時的な過大電流と自己診断プログラムの閾値設定ミスは否定

H3の第2段の機体制御システムは、大きく「電気系」「2段エンジン系」の2系統から成る。上流の電気系は飛行全体をつかさどり、機体の姿勢や飛行経路を制御。同時にエンジンで使用する電力を監視・制御する。この部分はA系B系の二重冗長系を採用している。

下流となる2段エンジン系は、制御系からの動作コマンドを受け取ってエンジン配管各部のバルブの制御や、点火に使うエキサイタなどを動作させる。この部分はほぼH-ⅡAと同じ構成で、「冗長系を持たない単一系となっている。

事故は2段推進系コントローラ(PSC2)からエンジン系のコントロールボックス(ECB)にSEIGが伝わったことのアンサーバックをPSC2が受信した直後に発生。A系B系共に自己診断プログラムが2段エンジン系電源の過電流を検知して遮断したのである。電源の遮断によってPNPはエキサイタやバルブを動作させられず、2段エンジンが点火しなかった。

このような状況に陥った原因として、2023年3月16日のJAXA報告では、大きく3つの可能性があるとしていた。［1］2段エンジン系電源での短絡の発生［2］エンジン着火動作シーケンスにおいて一時的に過大な電流が流れた可能性［3］BITでの異常判定の閾値設定のミス――である。

今回の報告では、［2］と［3］が、それぞれH3の2号機の機体や、開発時の供試体および3号機向けに製造された機器を接続しての動作試験で否定された。そうして残ったのが、［1］2段エンジン系電源、特にPNP内での短絡の発生だ。

PNP内を部品レベルで精査して短絡を突き止める

PNP内には、SEIGがECBに伝わる前から電源から通電している部位と、伝わってから通電する部位とがある（図36）。異変はSEIGが伝わったことのアンサーバックをPSC2が受信した直後に起きている。このため短絡が起きた部位は、SEIGを受け取った後に通電する部位で起きている可能性が高い。具体的にはバルブを駆動するソレノイド4つと、エンジンを点火するエキサイタの電源部だ。

JAXAは今後、これらのソレノイドとエキサイタを電気部品レベルに分けて集中的に調査を実施する。トランジスタ、ダイオード、コンデンサー、ワイヤハーネス、ソレノイド、トランスなどを、各部品の製造から取り扱い、組み立て時の全てで破損の可能性と短絡発生のシナリオを列

図36　PSCからPNPへの電源系統図

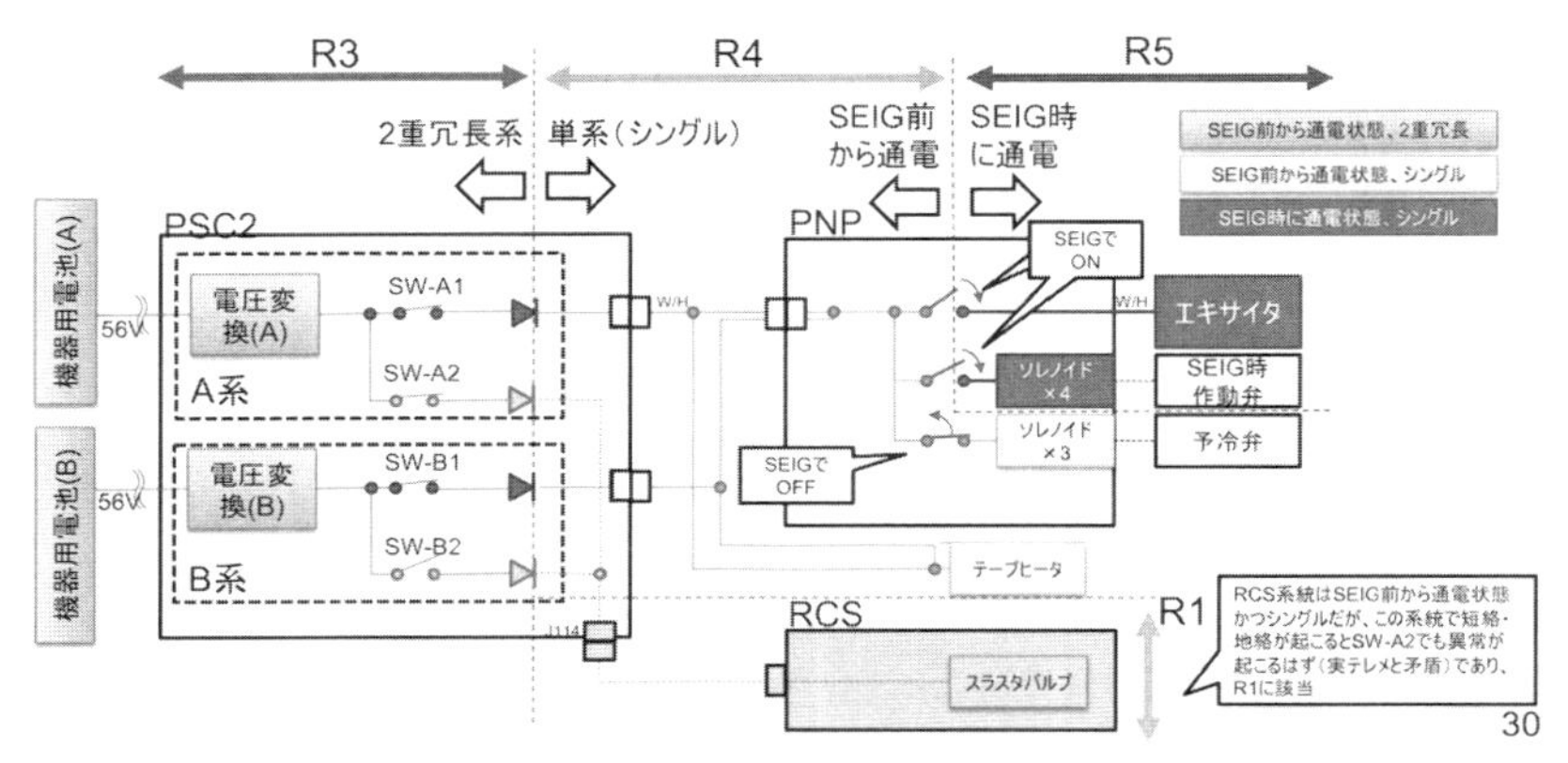

PNP内部にはエンジン点火信号（SEIG）を受け取ってオフになるスイッチとオンになるスイッチがある。事故ではオンになるスイッチが入るタイミングで異常電流が検知されて電源遮断が起きている。オンになるスイッチにつながっているのは、ソレノイド4つとエキサイタだ。（出所：JAXA）

挙し、一つひとつ検証していく。

H3初号機では、PNPを含む2段エンジン系の電気機器は製造時の検査や試験を全てクリアした上で機体に組み込まれていた。また、事前の動作試験を打ち上げ5日前の2023年3月2日に実施しており、その時点では正常な動作を確認している。

このため、「個々の部品は製造のばらつきの範囲内で短絡しやすい状態になっていたものの、検査や地上試験を合格。しかし、実際の打ち上げ時の振動などの環境により短絡に至った」という、複合要因による短絡発生の可能性についても故障シナリオを立てて検証を実施する。

電気系の誤動作についても完全に否定できるところまでは至っておらず、引き続き調査する。（日経クロステック202

3年4月28日)

2023年8月23日

H3打ち上げ失敗の調査完了、原因は2段エンジン制御系の短絡による過電流

JAXAは、2023年3月7日に発生した「H3」ロケット初号機打ち上げ失敗の事故調査を完了した。

事故原因は、2段エンジンを制御する電気回路中における過電流の発生と判明した。2023年8月23日の文部科学省・宇宙開発利用部会調査・安全小委員会及び同年8月29日の宇宙開発利用部会で報告した。[7)]

2023年3月7日に予定されていたH3初号機の打ち上げは、第2段エンジン「LE-5B-3」が着火しなかったために失敗。搭載した地球観測衛星「だいち3号」を喪失した。

事故原因は、LE-5B-3エンジンに付属する「ニューマティックパッケージ」(PNP)と呼

*7 参考資料「宇宙開発利用部会 調査・安全小委員会(第50回)議事録」(文部科学省)

ぶ装置内部およびその下流での電力配線、または第2段エンジン系を制御する「2段推進系コントローラ」(PSC2)において定格以上の過電流が流れ、それをPSC2に組み込まれた異常診断プログラムが検知して電源を遮断、第2段エンジン点火を中止したためと確定した。

PSC2に定格以上の過電流が流れた原因としては、以下の3つまで絞り込んだ。

[1]PNP下流のエンジン点火器を動作させるための高電圧を発生させるエキサイターの配線あるいは部品で微小な短絡が発生した。

[2]エキサイターへの通電開始時に発生した一時的な過電圧でエキサイター内部のトランジスタが破損した。

[3]PSC2内部の定電圧ダイオードという部品が故障した結果、PSC2内で過電流が流れた。

[1]と[2]は、現行の「H-IIA」ロケットと共通設計の部位が原因となっており、[3]はH3で新たに開発された部位が原因となる。

「事故調査は一区切り、次に進めるステップ踏んだ」

それぞれ以下のように対処する。[1]については短絡を起こす可能性のあるエキサイター内部と周辺の部品全てを点検して短絡発生を防ぐ処置をする。[2]は、通電開始時にトランジスタにかかる電圧が定格内に収まるように回路内の抵抗を調整。[3]は、原因となった可能性がある定電圧ダイオードを回路から除去することで対策する。除去により別の問題が生じないことは確認済み。

[1]と[2]は、H-ⅡAとも設計が共通する部位なので、種子島宇宙センターでの打ち上げを控えるH-ⅡA47号機でも対策を講じた。

2023年8月23日の、調査・安全小委員会の後の記者会見で、JAXA H3プロジェクトチームプロジェクトマネージャの岡田匡史氏は「事故調査について非常に大きな区切りがついた。次に進めるステップを踏んだと考える」と述べた。今後JAXAは、対策を実施した上で、なるべく早期にH3の打ち上げを再開する考えだ。

第2段を制御する電気回路中に過電流

H3ロケット第2段の制御システムは、電気系と第2段エンジン系で構成されている。電気系はH3のための新規開発で、A系B系の冗長構成。第2段エンジン系はH-ⅡAと共通の設計で、冗長系を持たない。事故は、以下のプロセスによって発生したと確定した。

[a]ロケットの飛行を制御する「2段機体制御コントローラ(V-CON2A/2B)」が第1段と第2段の分離を検知して、2段エンジンの着火信号(SEIG)を発行。

［b］SEIGを受けた第2段電気系が着火動作を担う第2段エンジン系に動作開始を指示。

［c］第2段エンジン系のPNPが、電力スイッチをオンにしたところ電力配線で過電流が発生。原因［1］と［2］のケースでは、PNPからの指令を受けて動作するエキサイターで短絡が発生して過電流が流れた。原因［3］のケースでは、PNPに指令を送るPSC2のA系で定電圧ダイオードが破損して過電流が発生。B系に切り替わったものの、A系で発生した過電流がB系にも流れてB系の定電圧ダイオードも破損。

［d］過電流を検知したPSC2の故障診断プログラムが、A系、B系共に第2段エンジン系に流れる電力を遮断。

［e］第2段エンジン系が電力を喪失し、第2段エンジンの着火ができなくなった。


（日経クロステック2023年9月4日）

2024年2月17日(1)

「H3」打ち上げに成功、地球周回軌道に入り人工衛星を分離

JAXAは2024年2月17日午前9時22分55秒、種子島宇宙センターから、次期主力ロケット「H3」ロケット試験機2号機を打ち上げ、目標通りの軌道に投入。打ち上げに成功した(図37)。

小型衛星の「CE-SAT-IE」(キヤノン電子)と「TIRSAT」(宇宙システム開発利用推進機構)、性能確認用ペイロード(積載物)「VEP-4」を搭載した2号機は順調に飛行を続け、打ち上げ約16分30秒後に、第2段エンジン第1回燃焼を無事終了。地球を周回する軌道に入り、CE-SAT-IEを分離した。その後のTIRSATへの分離信号送出、第2段機体の制御再突入の実施、VEP-4の分離も確認でき、計画通り飛行を完了した(図38)。

H3は、現行の「H-IIA」ロケットの後継機として、JAXAが2014年から開発してきた。H3初号機は2023年3月7日、地球観測衛星「だいち3号」を搭載して打ち上げられたが、第2段エンジン「LE-5B-3」の着火ができず、打ち上げに失敗していた。JAXAはその後1

図37　打ち上げに成功した「H3」ロケット

2024年2月17日午前9時22分55秒に打ち上げられた。
（JAXAのオンライン動画を日経クロステックがキャプチャー）

図38　H3試験機2号機の飛行経路

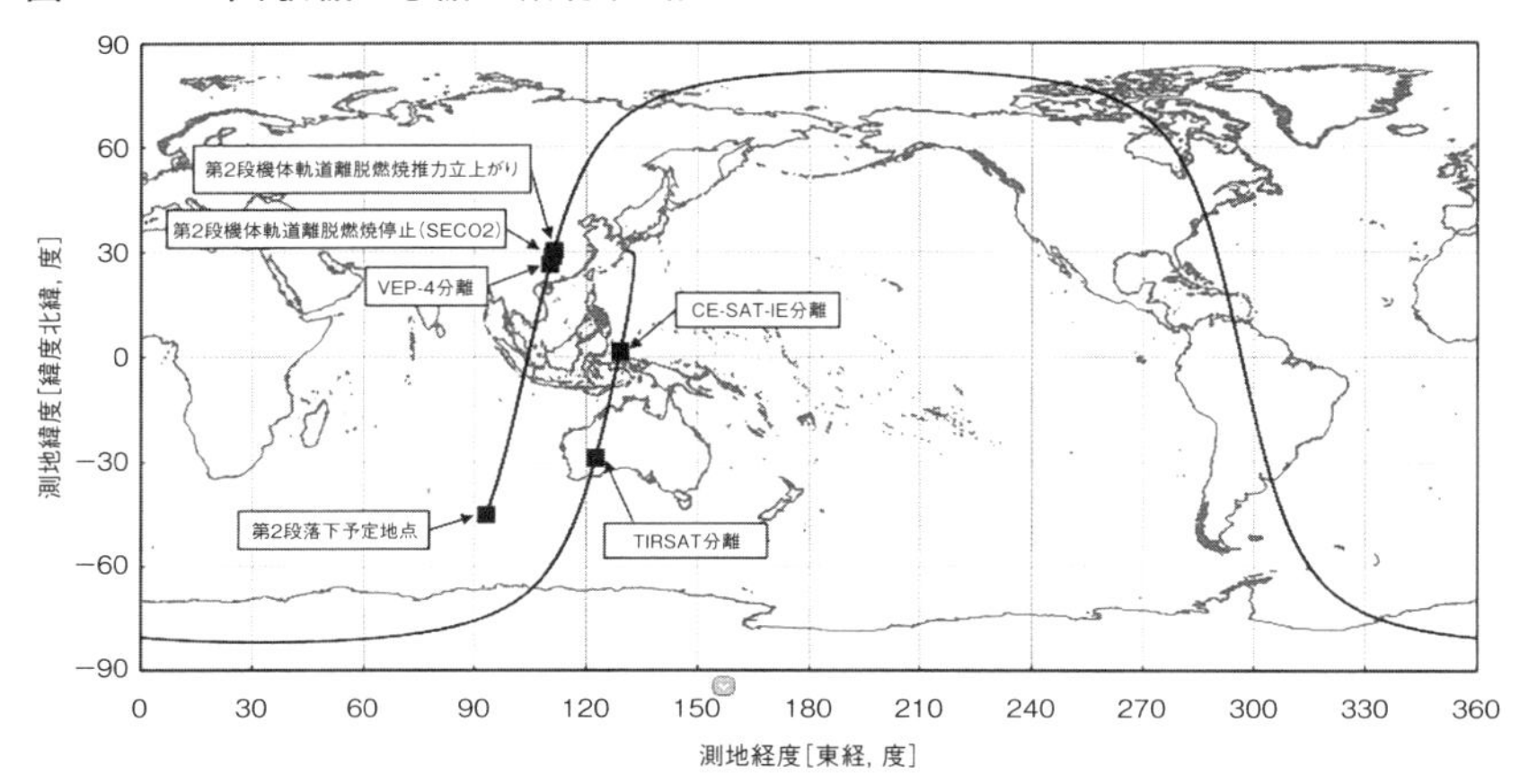

種子島から軌道傾斜角98.1度の軌道に打ち上げ。2衛星を分離した後、第2段とVEP-4は地球を一周し、第2段再着火で落下軌道に入った後、VEP-4の分離試験を実施。そのまま2段とVEP-4はインド洋に落下した。（出所：JAXA）

年をかけて原因究明と対策を実施してきた。

今回打ち上げに成功した2号機は、前回打ち上げに失敗した1号機と同じく、第1段エンジンとして「LE-9」2基と、固体ロケットブースター「SRB-3」2基を搭載する「H3-22S」と呼ぶ構成を採用。その上で、第2段エンジンのLE-5B-3には不具合対策などを施したものを搭載して打ち上げに臨んだ。(日経クロステック2024年2月18日)

2024年2月17日(2)

H3打ち上げは完璧、2衛星・試験ペイロード分離と2段再着火を完遂

JAXAは、2024年2月17日に鹿児島県の種子島宇宙センターから打ち上げた「H3」ロケット試験機2号機について、同日午後0時半からの記者会見で、完全な成功を収めたと発表した。

打ち上げ条件を初号機に合わせ、準備期間を短縮

H3試験機2号機は、打ち上げ時期を可能な限り繰り上げるために、2023年に失敗した初号機と同じ季節に、全く同じ軌道に打ち上げた。打ち上げに当たって準備する必要がある軌道計算をやり直す必要がない分、打ち上げ準備期間を短縮できるからだ。

搭載ペイロードの「VEP-4」も、初号機に搭載した地球観測衛星「だいち3号」と重量や重心、振動特性などを合わせた「ダミーウエイト」という簡素な衛星だ。電波の発信などの機能は一切持たない。これによりロケット重心位置の計算や打ち上げ時の振動の予測といった準備作業を省いた。

VEP-4では第2段エンジン燃焼終了後の、衛星分離の試験を行った。2号機では、打ち上げ終了後の第2段をスペースデブリ（宇宙のごみ）にしないため、地球一周後に第2段を再着火させて洋上に落下する軌道に入れ、最終的にインド洋に落下させた。このためVEP-4の分離は、第2段が落下軌道に入ってから実施した。確認が必要なのは分離機構の動作だけなので、分離後もVEP-4は第2段に拘束され、第2段と一緒にインド洋に落下した。

打ち上げ能力の余裕を生かして2衛星を搭載

打ち上げ能力に余裕があるので、小型衛星を2基搭載することにして、公募によりＣＥ-ＳＡＴ-ＩＥとＴＩＲＳＡＴを選定した。ＴＩＲＳＡＴは、海外での打ち上げを前提に完成していたが、国際情勢の変化から打ち上げられなくなり、地上で保管されていた。

ＣＥ-ＳＡＴ-ＩＥは、キヤノン電子が、キヤノングループの光学技術とエレクトロニクス技術を利用して開発した光学地球観測衛星ＣＥ-ＳＡＴシリーズの5機目で、衛星質量は70kg。初号機「ＣＥ-ＳＡＴ-Ｉ」は２０１７年に打ち上げられており、現在のところ打ち上げ失敗となった1機を除く3機が、軌道上で運用されている。

キヤノンブランドのデジタルカメラ「ＥＯＳ Ｒ5」をそのまま光学センサー部に利用しており、分解能80㎝の画像を取得する能力を持つ。光学センサーやセンサー光学系のみならず、搭載コンピューターや姿勢制御系なども内製しており、内製率は90%を超える。

ＴＩＲＳＡＴは重量5㎏の超小型衛星。冷却不要の小型熱赤外線センサーの軌道上試験を行う。衛星筐体は12㎝角の立方体で国際的に規格化された「CubeSat」（キューブサット）の3Ｕサイズ（12×12×38㎝）を採用している。

搭載した小型熱赤外線センサーは、8μ～14㎛及び10・5μ～12㎛の波長帯で分解能１００ｍ程度の撮像が可能。軌道上から工場などの稼働状況を熱赤外域で監視し、大規模災害や国際情勢の変化時における国際的サプライチェーンの運用状況の迅速な把握ができるか否かの確認を目指している。宇宙システム開発利用推進機構（JSS）が企画し、衛星は福井県の繊維関連企業のセーレンが中心となって開発した。

H3試験機2号機は打ち上げ後、順調に飛行した。固体ロケットブースター「SRB-3」と衛星フェアリング、第1段を分離し、打ち上げ後16分22秒で第2段の燃焼を終了、16分43秒でCE-SAT-IEを、25分3秒でTIRSATを分離した。その後地球を一周し、1時間47分7秒から34秒にかけて、第2段第2回燃焼を実施して、インド洋への落下軌道に入った。1時間48分14秒でVEP-4の分離に成功。その後、第2段とVEP-4はインド洋に落下した。（日経クロステック2024年2月20日）

2024年2月17日（3）

「お待たせしました」H3打ち上げ成功、LE-9は予定通りの性能を発揮

2023年3月7日に打ち上げた「H3」ロケット初号機を第2段エンジンの不着火で喪失し

図39 JAXA H3プロジェクトマネージャの岡田匡史氏(右)と三菱重工業H3プロジェクトマネージャーの新津真行氏(左)が握手

(JAXAオンライン記者会見を日経クロステックがキャプチャー)

てからほぼ1年。捲土重来は成り、2024年2月17日のH3ロケット2号機の打ち上げは完璧な成功を収めた。同日午後0時半からJAXAが開いた記者会見では、登壇者から今後のH3、そしてH3を使って展開する日本の宇宙活動について明るい展望が示された。

記者会見では、H3開発に当たって要を務めたJAXA H3プロジェクトマネージャの岡田匡史氏と、三菱重工業H3プロジェクトマネージャーの新津真行氏という両プロマネが笑顔で握手(図39)。開口一番、岡田氏は「皆様お待たせしました。やっとH3がおぎゃあと産声を上げることができました」と、笑顔で宣言した。

今後、H3をどのように育ててい

きたいか、という質問に「H3はまだ2回打ち上げただけで、製造から打ち上げへの流れができたわけではない。今後様々な課題を解決して、事業を軌道に乗せていく必要がある」と答える岡田氏。新津氏は「今後細かく取得したデータを見ていくと、改善が必要な点が見えてくると思う。ロバストで安定性の高い機体に仕上げて、成功を喜ぶというよりも、淡々と打ち上げていくようにしたい」と答えた。今後H3は、製造から打ち上げまでの一貫した体制を確立して、定期的に打ち上げていくことが課題になるという認識だ。

「飛行結果を見るとLE-9は予定通りの性能を発揮」

開発に当たって最大の難関で、初号機打ち上げ2年延期の原因となった、第1段主エンジン「LE-9」については、「まだエンジンのデータは見ていないが、飛行結果だけから見るとLE-9は予定通りの性能を発揮した」(岡田氏)と、相応の完成度に到達しているという認識を示した。

LE-9は、燃焼室に推進剤を吹き込むインジェクターという構成部位やターボポンプが継続開発になっている。今回の2号機は、第1段に2基装着したLE-9のうち1機が初号機打ち上げに使ったのと同じ「タイプ1」エンジン、もう1基は一部改良を加えた「タイプ1A」エンジンを使用している。現在、さらに改良を加え、かつ金属加工から3Dプリンターによる製造に切り替えた「タイプ2」エンジンに切り替わる予定だ。

前モデルH-ⅡAからの最大の変化である、固体ロケットブースターを装着せず第1段に装備したLE-9エンジン3基で打ち上げる「H3-30」の構成形態について、新津氏は「後続の打ち上げに使うLE-9エンジンの領収試験を続けているが、性能は安定してきているという印象を持っている。特段、30型(H3-30)に対してLE-9に懸念があるとは思っていない」と自信を見せた。

今後、種子島宇宙センターで、LE-9エンジン3基を装着したH3の機体を射点に設置してエンジンに着火する実機型タンクステージ燃焼試験(CFT)を実施した上でH3-30形態での打ち上げに進む。

なお、H3の3号機に搭載予定の地球観測衛星「だいち4号」は当初H3-30形態で打ち上げ予定だったが、現在は今回の2号機で打ち上げ実績ができた固体ロケットブースター(SRB-3)を2本装着した、「H3-22」形態で打ち上げる予定となっている。

(日経クロステック2024年2月21日)

２０２４年７月１日

H３ロケット3号機が初の衛星打ち上げに成功、「だいち4号」を予定軌道に投入

ＪＡＸＡと三菱重工業は２０２４年７月１日午後０時６分42秒、種子島宇宙センターからH３ロケット3号機を打ち上げた（図40）。同機は順調に飛行し、打ち上げから約17分後に、先進レーダー衛星「だいち４号」を予定していた高度６２８㎞の太陽同期準回帰軌道に投入した。

H３ロケットは、現行のH-ⅡAロケットに代わる日本の次世代基幹ロケットだ。ＪＡＸＡと三菱重工が２０１４年から開発。H-ⅡAの約半額の打ち上げコストを目標としている。

H３初号機は２０２３年３月、先進光学衛星「だいち３号」を搭載して打ち上げられたが、第2段エンジンが着火せず打ち上げに失敗した。しかし、２０２４年２月に、ダミー衛星を搭載した2号機が打ち上げに成功。今回、H３は初めてダミーではない人工衛星を搭載し、再び打ち上げに成功した。

図40　種子島宇宙センターから打ち上げられたH3ロケット3号機

（出所：JAXAのオンライン中継を日経クロステックがキャプチャー）

だいち4号は、現在軌道上で運用されている「だいち2号」（２０１４年打ち上げ）の後継となる合成開口レーダー衛星で、質量は約3トン。地表を３ｍの分解能で観測する能力を持つ。だいち2号が、一度に50km幅で地表を観測するのに対して、だいち4号は２００km幅とより幅広い地域を一度に観測する能力を持つ。一度に取得するデータ量の増加に対応して、伝送容量の大きいＫａ帯の通信機器や、静止軌道上の光データ中継衛星との衛星間光通信装置を搭載している。（日経クロステック２０２４年7月2日）

Part 6

ロケット開発に未来はあるか

Rocket Survival 2030

国際的な商業打ち上げ市場への参入は、日本のロケットにとって１９８０年代からの40年越しの悲願だ。

特殊法人の宇宙開発事業団（ＮＡＳＤＡ、現在の宇宙航空研究開発機構：ＪＡＸＡ）は１９６９年に設立され、大型衛星打ち上げ用ロケットの開発を開始した。最初の「Ｎ-Ⅰ」ロケット（１９７５年初打ち上げ）から、「Ｎ-Ⅱ」（同１９８１年）、「Ｈ-Ⅰ」（同１９８６年）までは、米McDonnell Douglas（マクダネルダグラス）からの技術導入で開発されたため、商業利用には米側の合意が必須で、事実上商業利用はできないロケットだった。

円高が阻んだ国産ロケット打ち上げの受注

アメリカ依存からの脱却を目指して１００％国産技術で開発した「Ｈ-Ⅱ」（１９９４年初打ち上げ）は、日本が日本の意志で海外に販売できるロケットだった。しかし、プラザ合意（１９８５年9月）以降急速に進んだ円高のため、当時、年２機製造・打ち上げで１機１７０億円とされた価格は国際的に割高となってしまい、海外からの商業打ち上げを受注できなかった。

それならばと、Ｈ-Ⅱに対して打ち上げコスト半減の85億円を目指して開発したＨ-ⅡＡ（同２００１年）は、23年間に50機を打ち上げ、その間に政治案件として数機の海外衛星打ち上げを達成。加えて2回の商業市場からの静止衛星打ち上げを受注し、2回とも打ち上げに成功した。しかし、それらは「日本のロケットを試しに使ってみた」というレベルにとどまった。85億円目標だった機体価格は、実際には100億円前後で推移した。50回の打ち上げを支えたのは官需、特に機数が多い内閣官房の情報収集衛星(IGS)だった。

H3は、固体ロケットブースターを装着しないH3-30型の目標機体価格が50億円だ。30はほぼH-IIAと同等の打ち上げ能力がある。つまり、大まかには、H3は「H-IIAのさらに半分の打ち上げコスト」を目指して開発されている。

H3開発期間を通じてプロジェクトマネージャを務めたJAXA理事の岡田匡史氏が、この「1機50億円」という価格で「国際競争力はある」との見解を示している。

確かに可能性はある。まず1980年代以降、H-IIとH-IIAを苦しめてきた円高が2023年以降、円安に振れている状況がある。

次に、三菱重工が過去23年間でH-IIAを50機打ち上げた実績を積み重ねた、大型ロケットを安定して運用できるロケットプロバイダーだという事実がある。

H-IIAは、2003年6月の6号機が打ち上げに失敗した。しかし、それ以降は全ての打ち上げを成功させている。50号機打ち上げ完了時点での成功率は98%で、これは国際的なロケット成功率の標準に到達している。H-IIAはこの23年間で、確かに「信頼できるロケット」としてのブランドを確立したわけだ。

何よりも大きな要因は、スペースXの通信衛星コンステレーション「スターリンク」に代表される、大規模通信衛星コンステレーションの出現による、打ち上げ需要の急伸だ。

低軌道の衛星数十機以上の通信衛星コンステレーションは、1980年代から構想は存在し、

１９９８年には米Motorola（モトローラ）が、世界初の通信衛星コンステレーション「イリジウム」の運用を開始した。しかし、その後のビジネスは文字通りいばらの道であり、イリジウムを初めとしてサービス提供を開始した企業は次々に会社更生法の適用を受けた。サービス内容に対して、通信衛星コンステレーションというインフラ構築にかかるコストが過大だったのだ。

衛星コンステレーションブームで高まる需要

この壁をスペースXは次のような方策によって突破した。

［1］自社の低価格ロケットを原価で使用して打ち上げコストを削減
［2］衛星数を数千機規模まで増やして大量生産により衛星調達コストを削減
［3］現代社会において必須の「ブロードバンド接続」を提供してサービスへのニーズを掘り起こす

スターリンクは２０１８年からシステム構築のための衛星打ち上げが始まり、２０２０年から試験運用が開始された。２０２２年にロシアのウクライナ侵攻が始まると戦場での有用性が認識され、さらに利用可能な国が増えて「世界中のどこでもブロードバンド接続が可能になる」ことの有用性や重要性が明確になった。

結果、ブロードバンド接続を可能にする大規模通信衛星コンステレーションは、一躍「覇権国家が維持運用すべき宇宙インフラ」に格上げされ、世界各国が構築に動きだした。

現在、スペースXのスターリンク、欧州Eutelsat OneWeb（ユーテルサットワンウェブ）の「ワンウェブ」が運用されており、これに続き米Amazon.com（アマゾン・ドット・コム）の「プロジェクトカイパー」、中国の国有企業である中国衛星網絡集団の「国網」、上海市政府直轄の上海垣信衛星科技の「千帆星座（G60）」、さらに民間企業である上海藍箭鴻擎科技の「鴻鵠（Honghu-3）」が、それぞれ開発に入っている。プロジェクトカイパーは3236機、国網は1万3000機、千帆星座は1万5000機、鴻鵠は1万機の衛星を打ち上げる大規模計画だ。

H3が市場に食い込む余地はある

世界的な電波利用の周波数調整を行う国際機関である国際電気通信連合（ITU）には、資金的な裏付けを持たない単なるペーパープランも含めれば、100万機規模の衛星への電波割り当て申請が提出されるほどの、バブル景気状態になっている。世界的に打ち上げ需要は逼迫しており、そこにH3が食い込んでいく余地は十分にある。

2024年9月、三菱重工と欧州ユーテルサットはH3ロケットを使って複数の衛星を打ち上げるとの合意に至ったと発表した。ユーテルサットが子会社のユーテルサット ワンウェブで通信衛星コンステレーションを運用しているので、この「複数衛星」とはコンステレーション衛星の打ち上げを含む可能性がある。

現在、ユーテルサット　ワンウェブは衛星648機のコンステレーションを運用しているが、2028年から衛星を高機能化した第2世代衛星に置き換えていく計画を進めている。

三菱重工とユーテルサットとの合意には具体的な衛星名や打ち上げる軌道、打ち上げ回数などへの言及はない。これまでロケット打ち上げの商業契約では、「確定何機、オプション何機」という形で打ち上げる衛星の名称や打ち上げる予定数などがアナウンスされるのが通常だ。こうしたアナウンスがないのは少々異例だ。今後の交渉次第なのだろうが、H3でワンウェブ第2世代衛星を打ち上げる可能性があるのかもしれない。

日本も回収・再利用実験機を開発中

需要が高まる一方で、意識しなければならないのが「潮流の変化」だ。何度も説明しているように、スペースXの「ファルコン9」ロケットによって世界の宇宙輸送系の地図は大きく変化した。「使い捨て」から「回収・再利用型」へのシフトだ。

ファルコン9はロケットの第1段を回収・再利用することで高頻度の打ち上げを実現している。この回収・再利用型は、いまの世界のロケット打ち上げにおいて1つの流れとなっている。

スペースXが回収・再利用型打ち上げロケットの構想を発表した当初は、宇宙輸送系の開発と運用に携わる者のほとんどがスペースXの試みを興味半分・疑惑半分の「お手並み拝見」という

図1 日欧共同の回収・再利用実験機「CALLISTO」の概要

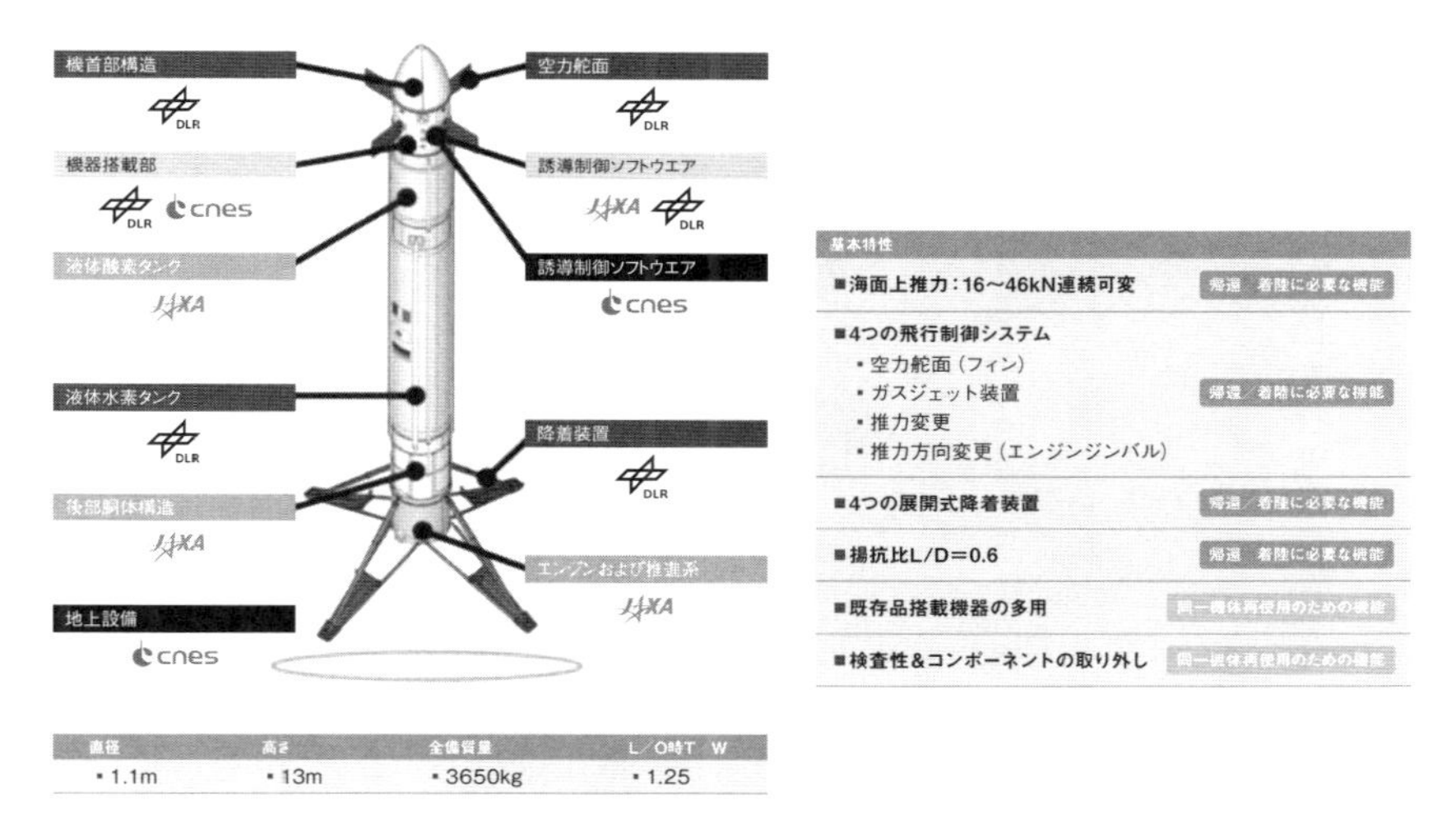

JAXA、フランス国立宇宙研究センター（CNES）、ドイツ航空宇宙センター（DLR）の3組織が共同開発する。（出所：JAXA）

感覚で見ていた。「再利用が実現する」と断言した者はいなかった。

しかし、その後の9年間で、スペースXはファルコン9の改良と増強を急速に進め、第1段の逆噴射着陸による再利用を実現した。その成果に基づいて同社は現在、より大型の「スターシップ」というロケットを開発している。

スペースX以外にも世界各国で回収・再利用型ロケットの開発が進められている。将来、どちらの方向性が主流となるかは、まだ分からない。しかしこれだけ方向性が異なると、打ち上げロケットの技術トレンドが「回収・再利用型」に向かった場合、H3で完成させたもろもろの技術を直接、利用して素早く後追いするのは難しい。最悪の場合、日本は宇宙輸送系での世界的なトレンドから置いていかれる可能性もある。

JAXAは今後、H3を2040年ごろまで使用すると想定している。その一方で、ファルコン9のような第1段の回収・再利用が世界中で一般化すれば、H3は2030年代半ばには、第1段回収・再利用の次世代機と交代するとも予想できる。使い捨て型のH3を20年使うか、それとも早期に第1段を回収・再利用する次期ロケットの開発に進むのか。日本は両にらみの宇宙政策のかじ取りが必要な状況になりつつある。

日本も第1段回収・再利用への取り組みに手をこまぬいているわけではない。JAXAは、回収・再利用の技術を習得するため、第1フェーズとして実験機「RV-X」による研究を進めている。第2フェーズとしては、2026年度の飛行実験を目指して、回収・再利用実験機「CALLISTO（カリスト）」を欧州と共同で開発中だ（図1）[1]。

1） 参考資料「宇宙開発利用部会（第62回）会議資料」（文部科学省）

しかし、少なくともアメリカと比べると日本は大きく後れを取っていると言わざるを得ない。内閣府は２０２４年３月28日、２０３０年代に向けて「宇宙技術戦略」を策定した。その中で、第１段の回収・再利用に取り組むとは決定していない。あくまで１つの有力な可能性という位置付けなのだ。

第１段の再利用は、ロケット生産能力を超える高頻度の打ち上げを可能にする点で、大きな利点を持つ。しかしＨ３は「究極の使い捨て打ち上げ機」を目指して開発された。それ故、技術的に第１段の再利用につながる要素が乏しい。

「ＬＥ-９」は回収・再利用に不向き

Ｈ３が第１段再利用への発展性に乏しいという特質を最も象徴するのはＬＥ-９だ。まず推進剤に採用している液体水素・液体酸素（ＬＨ2・ＬＯＸ）が、第１段回収・再利用には向いていない。後述するが、ＬＨ2・ＬＯＸを使ったエンジンは高い比推力によってより高い速度に到達する。[*1]高い速度に到達するためには長距離を飛ばなくてはならない。つまり、第１段を分離するのは射点からかなり離れた地点になる。そのため第１段を早い段階で回収し、射点まで戻すコストが高くなってしまう。

ＬＨ2・ＬＯＸを推進剤に採用すると、最終到達速度が高いという推進剤の利点を生かすために、どうしても第１段を長時間の燃焼で遠くまで飛ばして、水平方向にも加速する必要がある。

---

*1　ＬＨ2・ＬＯＸの組み合わせは「実用化されている中では最も高性能な液体推進剤」と言われるが、これは「比推力」を性能指標とした場合だ。推力を指標とした場合は、炭化水素系推進剤や固体推進剤のほうが、ＬＨ2・ＬＯＸよりも高性能ということになる。

すると、第1段の回収・再利用を進めにくくなってしまうわけだ。

これに対して、スペースXの「ファルコン9」は、先述した通り第1段の「マーリン」エンジンの推進剤としてケロシン・LOXという炭化水素系を使っている(Part4「当初は『使い捨て』だったファルコン9」参照)。これはH3のLE－9が採用しているLH2・LOXと異なり、大推力を発生しやすい。

推力と比推力の違い

ここで回収・再利用のしやすさに関係する「推力」と「比推力」について整理しておこう。

ロケットの第1段は、垂直方向に上昇するための推力が重要だ。地球には大気圏があるので、ロケットはまず垂直方向に上って大気の濃い領域を抜ける必要がある。ところが、垂直に上昇する時には重力に引かれることによるエネルギー損失(重力損失)が発生する。

重力損失は上昇している時間に比例するので、第1段はなるべく大推力による大加速度で、上昇している時間を短くする。このために、第1段は噴射ガスの平均分子量を大きくし、推力を稼ぐ。

「推力」は、噴射ガスの単位時間当たりの質量流量に比例する。つまり噴射するガスの平均分子量が大きいほど、推力は大きくなる。ただし、分子量が大きくなるほど同じエネルギーでの噴射ガス速度は落ちるので、「比推力」は下がる。

図2　ツィオルコフスキーの公式

$$v = w \ln \frac{m_0}{m_T} \qquad v = I_{\mathrm{sp}}\, g \ln \frac{m_0}{m_T}$$

v：ロケットの速度　w：噴射ガスの速度　m_0：機体構造重量と推進剤重量を合わせた初期重量
m_T：推進剤消費後の機体重量　ln：自然対数　I_{sp}：比推力　g：重力加速度

vはロケットの速度、wは噴射ガスの速度、m_0は機体構造重量と推進剤重量を合わせた初期重量、m_Tは推進剤消費後の機体重量。lnは自然対数、Ispは比推力、gは重力加速度。ロケットの速度は噴射ガス速度が大きくなるほど高速になり、軽い機体構造に大量の推進剤を積むほど高速に到達できる。また、噴射速度は比推力と重力加速度の積となる。

比推力とは、「推進剤を全部使い切ってしまうまでに、どれだけの速度を得られるか」という推進剤の効率を示す性能値。自動車でいう燃費だ。工学単位系では「1kgの推進剤で1kgfの推力を発生できる秒数」と定義される。これは換算すると「ガスの噴射速度を重力加速度9・8m／s^2で割った数値」になる。

ロケットの性能は、ツィオルコフスキーの公式で表せる（**図2**）。この式は搭載した推進剤を全部使い切ってしまうまでに、どれだけの速度を得られるかを示すもの。この公式を見れば分かるように、比推力が大きいほど最終到達速度は大きくなる。

ただし、比推力と推力はトレードオフの関係にあるので、第1段の比推力を高めたH3は半面、推力が相対的に落ちる。そこでH3は、推力が必要な打ち上げ直後の垂直に上昇していく時は、第1段に大推力の固体ロケットブースターを装着して、大加速度による素早い上昇を実現している。固体ロケットブースターの燃焼中は主に垂直方向に上昇。固体ロケットブースターを分離した後の第1段は主に水平方向へ加速する。

逆に第2段から上は、水平方向への加速を行うので、重力損失がない。ここでLH_2・LOXの比推力が高いために高い速度を得られるというメリットが生きる。

回収・再利用なら液化メタン・液体酸素を

しかし、LH_2・LOXを推進剤に採用したエンジンの場合、最終到達速度が高いという推進剤の利点を生かすために、どうしても第1段を長時間の燃焼で遠くまで飛ばして、水平方向の加速も行う必要がある。すると、第1段の回収・再利用を進めにくくなってしまう。

日本もH3の次の段階として第1段の回収・再利用に進むならば、LE-9を再利用向けに改造するのではなく、炭化水素系の推進剤を使うマーリンのようにある程度推力のある第1段向けのエンジンを開発する必要がある。

それならば推進剤もLH_2・LOXではなく、回収・再利用に向いた推力の出しやすい液化メタン(CH_4)などの炭化水素系とLOXという組み合わせにしたほうが良い。メタンは、炭素(C)原子1つに対して水素(H)原子4つで構成されており、完全燃焼した場合、二酸化炭素(CO_2)分子と水蒸気を分子の数で1:2の割合で生成する。分子量の小さい水蒸気が多いのでそこそこの比推力が得られる一方で、液体水素よりも大きな推力も出せる。*2

*2 スペースXはファルコン9の次の打ち上げ機「スターシップ」用の「ラプター」エンジンにCH_4・LOXの組み合わせを採用している。また欧州アリアングループも、次世代アリアンロケットのためにCH_4とLOXを使用するための実証エンジン「プロメテウス」を開発し、2023年から燃焼試験を開始した。日本では、インターステラテクノロジズ(北海道大樹町)が、現在開発中の衛星打ち上げロケット「ZERO」のためにCH_4・LOXのエンジンを開発中だ。同社は次世代の第1段回収・再利用型ロケット構想「DECA」でも、CH_4・LOXを推進剤として使用する予定だと明らかにしている。

内閣府の「宇宙技術戦略」では、宇宙輸送系の技術開発の重点として、液化メタンを燃料に使うロケットエンジン技術を挙げている。断言はしていないが、H3の次の「次期基幹ロケット」では、第1段やブースターの再利用を想定しているような記述がある。

また、第1段を回収・再利用するロケットを民間で開発することにも含みを持たせている。恐らくは宇宙輸送ベンチャーのインターステラテクノロジズ（北海道大樹町）が、第1段を回収・再利用するロケット「DECA」構想を公表しているのを受けたものだろう。

「使い捨て」「再利用」並行して開発すべし

世界的に回収・再利用型ロケットの開発が進む中、日本はH3を20年使うか、早期に第1段を回収・再利用する次期ロケットの開発に進むか、両にらみの宇宙政策のかじ取りが必要な状況になりつつある。

筆者は、H3の開発予算は開発終了後にそのまま、日本は持っていないがスペースXが持っている技術の獲得に振り向けるべきだと考える。具体的には以下の3つの技術である。

［1］第1段再利用に向けた誘導制御と、エンジン再着火・推力制御の技術
［2］高圧燃焼を実現するフルフロー2段燃焼サイクル技術、中でも酸化剤リッチの不完全燃焼ガスでターボポンプを駆動する技術

［3］過冷却で密度を高めた燃料・酸化剤をロケット推進剤として使用する技術（本稿では触れなかったが、ファルコン9で実用化している）

［1］についてだが、JAXAは既にH3の後継機として開発している1段ロケットの再使用飛行実験「カリスト」（CALLISTO）で着手済みだ。H3開発完了以降は、［2］と［3］に集中的に投資していくべきだ。

これらの研究開発によって、H3の高度化・再利用への可能性をつなぎつつ、同時に「究極の使い捨てロケット」であるH3のブラッシュアップを粘り強く、したたかに両立させて進めていく必要がある。

種子島のインフラを更新せよ

最後にもう1つの問題を指摘しておきたい。打ち上げ地である種子島のインフラ不足だ。まず打ち上げ前の衛星の最終的な組み立てやバッテリーの充電、推進剤の充塡、火工品の配線など最後の整備を行うための設備が不足している。

種子島宇宙センターでは2023年、H3の運用に向けて「第3衛星フェアリング組立棟」という施設が竣工し、衛星整備体制を強化した。しかし、今後、コンステレーション衛星の多数同時打ち上げの受注も狙うとなると、一度に整備する衛星の機数が増えるので、さらなる衛星整備施

図3　VABとH3

写真は1段実機型タンクステージ燃焼試験後、機体をVABに戻す際に撮影されたもの。VABは1990年代初頭に建設され、その後改修に改修を重ねて使用され続けている。（写真：JAXA）

設が必要となる。

また、現在の射点設備は年間5機打ち上げを前提としている。年間打ち上げ機数を増やすとなると、射点設備の増強も必須だ。さらに今後の可能性としてH３の能力増強が必要になった場合には、H３の機体を組み立てる機体組立棟（VAB）の大型改修、または新VABの建設が必要になる（図3）。

現VABは1990年代にH-Ⅱ用として建設したもので、その後、改修と増築を重ねて使用している。種子島の射点は潮風の強い場所にあるので、かなり施設の劣化も進行している。

H３は次のステージの始まり

衛星を種子島に運び込むための輸送インフラも心もとない。世界的に大型の衛星は大型輸送機で直接射場の近くまで輸送するのが通例だ。しかし、地方空港である種子島空港は大型機の離着陸に対応していない。現状では、中部国際空港セントレアなどで輸送機から船に積み替えて、種子島の島間港に陸揚げし、陸路で宇宙センターに搬入している。それだけの手間とコストをカスタマーに負担させることになる。

衛星整備に当たっては関係技術者が多数種子島に滞在することになるが、関係者のための宿泊施設やレンタカーなども足りない。現在種子島では隣接する馬毛島に航空自衛隊・馬毛島基地（仮称）の建設が進んでおり、2030年の完成を予定している。このため建築関係者が多数島内に長期滞在しており、慢性的な宿泊施設不足、レンタカー不足が続いている。

これは、ＪＡＸＡや三菱重工その他の民間企業で解決できる問題ではない。国が率先して種子島の宿泊施設を増強すべく環境を整備する必要がある。これまでの日本の宇宙開発は、ロケットと衛星の開発と運用に必死で、なかなかインフラ整備まで手が回っていなかった。一度つくったインフラは数十年にわたって使い回すのが通例だった。

Ｈ３は、Ｈ-Ⅱ以来30年目にして、やっと国際市場参入に向けた好ポジションを占めることができた。このポジションを生かすには、これまでとは考えを変えて宇宙センターのみならず、種子島全体のインフラにも十分に投資しなくてはならない。

ＪＡＸＡをはじめとした日本の宇宙産業は常に新たな技術開発を進め、直面した課題はいち早く解決し、判断すべきことは素早く判断し、適切に投資していく必要がある。Ｈ３は日本の宇宙輸送系の到達点ではない。むしろ、Ｈ３は次のステージの始まりなのだ。

松浦晋也

まつうら・しんや

ノンフィクション作家
科学技術ジャーナリスト

日本の宇宙開発に関するジャーナリストの第一人者。

そのほかコンピューター・通信や交通論など、取材・執筆活動の範囲は多岐にわたる。

近著は『母さん、ごめん。50代独身男の介護奮闘記』（日経BP）。

宇宙作家クラブ会員。

慶応義塾大学理工学部機械工学科卒、同大学院政策・メディア研究科修了。

日経BP社記者として、1988年～92年に宇宙開発の取材に従事。

その他メカニカル・エンジニアリングやパソコン、通信・放送分野などの

取材経験を経た後、独立。

ロケットサバイバル2030
国産H3は世界市場で勝てるか

2024年12月23日 第1版第1刷発行

著者 ――――― 松浦晋也
編集 ――――― 高市清治
発行者 ――――― 浅野祐一
発行 ――――― 株式会社日経BP
発売 ――――― 株式会社日経BPマーケティング
〒105-8308 東京都港区虎ノ門4-3-12
ブックデザイン ――― 野網雄太（株式会社野網デザイン事務所）
制作 ――――― 朝日メディアインターナショナル株式会社
印刷・製本 ――― TOPPANクロレ株式会社

ISBN978-4-296-20668-1